第一次養
兔兔就上手!

LUNA寵物醫院潮見院長
岡野祐士醫師——監修

楓葉社

前言

可愛的兔子好膨軟、好嬌小。

身為寵物的人氣度更僅次於貓狗。

兔子被當成寵物飼養已有好一陣子，

最近我們也掌握到該如何提供愛兔

正確的飲食，以及兔子較容易罹患的疾病，

所以有愈來愈多兔子的壽命能超過10年。

不過，還是有不少飼主維持與過去相同的飼養方式，

像是主食只給飼料，

因此仍有不少兔子為此而生病。

希望能和心愛的兔子一起長久生活，

那麼飼主就要學會正確的飼育方法，

並給予兔子滿滿的關愛。

當然，養兔子之後，
房間地板或家具可能變髒，也可能會被啃咬。
兔子的糞便與尿液會弄髒籠子，所以少不了每天的清潔工作。
開始飼養兔兔時必須準備的用品、每天的食物、
健檢等醫療費用……養兔子的花費可能會超出預期。
這些都是養兔子辛苦的地方，
不過，相信兔子也能為飼主帶來莫大的樂趣。

期待本書能為所有迎接兔子回家的讀者帶來幫助，
和兔子共同度過無可取代的生活。

LUNA寵物醫院潮見 院長

岡野祐士

兔子其實是這樣的動物

各位會不會覺得……兔子面無表情，根本不知道牠在想什麼？其實，兔子可是會用全身表達情感的動物呢！開始一起生活後，大家肯定會完全沉醉在兔子的可愛表現中。接著就來看看兔子有哪些魅力吧。

「初次見面♥」

兔寶寶剛接回家時還好小好小，不過會慢慢長大喲

能夠擺在手掌上的嬌小兔寶寶。不過兔兔出生2個月後就相當於人類的5歲。5～6個月時會大幅成長，邁入發情期，7個月大的時候儼然已是隻成兔，所以兔子的寶寶階段是很短暫的呢。

熟悉新家後，會慢慢流露出個性

就算是剛到新家看似很穩重的兔子，只要熟悉了環境，就有可能做出想和主人玩、討飯吃、用力搖晃籠子等舉動，展現充滿元氣的一面。性格變化程度大到甚至會讓人心想「這真的是同一隻兔子嗎」。

只要有飼主陪伴，
就算單養一隻
也不會感到寂寞

不少人會認為，兔子孤零零的很可憐，所以考慮多養幾隻。但其實兔子有強烈的圈定地盤領域意識，彼此間也很常吵架。建議新手飼主先養一隻即可。

我還會自己
看家喲！

其實兔子很聰明，
還能學會如廁

兔子習慣排泄在固定的地點，因此能夠記得怎麼如廁。雖然每隻兔子情況不同，但不少兔子會記得自己的名字，聽到呼喚後就會前來，還有兔子會知道「哪些事情不能做」。

兔子會表現出
明顯的喜怒哀樂

「兔子又不會叫，根本不知道牠在
想什麼……」這或許是很多人的既
定印象，但其實兔子是情感表現非
常豐富的動物。開心時會跳高高，
生氣時會跺腳。一起生活後就會知
道兔子想表達什麼，彼此也能充分
交流。

最愛媽咪了

脾心時還會
搖搖尾巴呢！

當然也有心情
不美麗的時候

什麼嘛！

摸摸我，
我會很舒服啊～

兔子最喜歡
和主人一起玩耍

或許會有人懷疑真的能跟兔子一起玩嗎？不過，兔子其實很喜歡和人接觸呢。飼主不妨每天讓兔子放風一次，和兔子好好玩耍吧。放風還能解決運動不足的情況。

> 宜人的季節
> 還能一起外出啊。

不過，
也會有調皮搗蛋
的時候……

出籠放風時，視線可別離開兔子。因為牠有可能會搗蛋，啃咬家具、電線，或是鑽入縫隙被夾傷。要環顧屋內環境是否會對兔子帶來危險，並隨時整理乾淨�。

維持健康的飲食生活
非常重要

兔子的健康取決於飲食生活，這麼說可是一點也不為過。想讓兔子常保健康，主人所供應的食物就必須以牧草為主，且要無限量隨時供應。另外，兔子也愛吃甜，點心過量時就很容易肥胖。

乾淨的水也是必需品

當兔子水分攝取不足，胃部就很容易不適，甚至會出現脫水或中暑症狀，進而喪命。飼主每天務必以體重1kg、飲水量50～100ml的量為基準，置於籠內，讓兔子隨時都能飲用。

牧草才是主食喲！

兔子也很愛點心，但少量即可。

其實抗壓性很低
有時還很膽小

聽到巨大聲響、突然從後面被抱住，或是換了籠子，環境變得不一樣……，兔子受驚時會感到壓力，甚至對任何事物都感到懼怕。壓力也可能會造成疾病，所以主人要為兔寶打造一個不會感到壓力的環境喲。

會隱藏身體不適
善於忍耐的動物

在大自然裡，兔子是會被肉食動物獵捕的對象，愈脆弱愈是容易被盯上，所以兔子會隱藏身體不適。如果等到兔子無力一動也不動，有時候就算想治療也已回天乏術，所以主人得要每天摸摸兔子，這樣才能察覺任何細微變化。

> 發現異狀時，
> 要立刻帶去醫院喲！

以正確的方式讓兔子健康長大，
一起度過相親相愛的愉快生活吧。

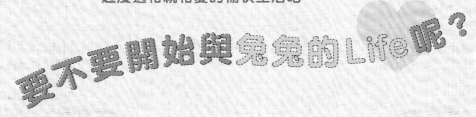

要不要開始與兔兔的Life呢？

第一次
養兔兔就上手！
•contents•
目錄

前言 2

兔子其實是這樣的動物 4

PART 1
兔子品種目錄

了解兔子的品種與顏色 14

荷蘭侏儒兔 16

荷蘭垂耳兔 20

迷你雷克斯兔 25

澤西長毛兔 26

侏儒海棠兔 28

美國費斯垂耳兔 29

英國安哥拉兔 30

法國垂耳兔 31

英國垂耳兔 32

佛萊明巨兔 33

獅子兔 34

迷你兔 35

PART 2
迎接兔子回家

飼養之前，務必思量的事項 38

評估要迎接哪類型
的兔寶回家？ 40

與兔子初次相遇，
就從這些管道開始 42

迎接健康的兔子回家 46

迎接新成員，先備好飼育用品 ... 48

籠內配置要點，布置安心的家 ... 54

如何陪伴兔子
度過第一個禮拜？ 56

兔子的生活步調 58

教導兔子學會上廁所 60

PART 4
兔子的飲食

符合各階段的健康飲食法則 ···· 86

兔子以牧草為主食 ················ 88

副食品的挑選與餵食方法 ···· 92

絕不能餵食！危險食物總整理 ··· 96

PART 3
基本照顧與護理知識

籠內用品的清潔事項 ········· 64

五個檢查點，
打造舒適生活空間 ·········· 68

隨時確認，排除室內潛在危機 ··· 70

一年四季的照護原則 ········· 72

主人外宿時，
兔子的安心看家法 ·········· 74

兔子的護理技巧 ·············· 76

column

認識兔子的歷史 ··········· 36

超實用的萌兔拍照法 ······· 62

與兔子生活的各種點子 ····· 82

兔子雜學 ···················· 98

試著為兔子按摩吧 ······· 130

PART 5

兔子心情解密&
溝通技巧

讓兔子也開心的撫摸技巧 ····· 100

給兔子安心的抱抱 ····· 102

期待的出籠時間，
和兔子一起玩耍 ····· 104

外出時的注意事項 ····· 106

走出戶外，一起去遛兔吧 ····· 108

搬家或遭遇災害時的
因應對策 ····· 110

兔子擾人行為的有效對策 ····· 112

兔兔心情
全解說 ····· 119

chapter 1
兔子喜歡什麼樣的人？

chapter 2
兔兔的行為&性向測驗

chapter 3
讀懂兔子想傳達的喜怒哀樂 **動作篇**

chapter 4
讀懂兔子想傳達的喜怒哀樂 **表情篇**

chapter 5
讀懂兔子想傳達的喜怒哀樂 **叫聲篇**

chapter 6
讀懂兔子想傳達的喜怒哀樂 **尾巴篇**

chapter 7
與兔兔的感情更升溫，
兔子的相處之道 Q&A

PART 6

疾病與受傷的
預防對策

養成每天為兔子
健康檢查的好習慣 ············ 134

為兔子尋找可信賴的家庭醫師 ·· 136

兔子常見的疾病徵兆一覽表 ···· 138

認識兔子常見的疾病與症狀 ···· 140

送醫治療前的緊急處置 ········ 150

結紮與去勢手術的術前評估 ···· 152

仔細評估兔子的懷孕與生產 ···· 154

兔子的老年照護 ············· 156

如何與愛兔道別 ············· 158

PART 1

兔子
品種目錄

寵物兔的顏色多樣，無論是兔毛長短、
耳朵形狀、長大後的尺寸都不盡相同，
就連照顧的重點也會有些許差異。
接下來就讓我們一起來看看幾種較具代表性的品種與毛色，
讓各位更容易找到自己想養的類型。

了解兔子的品種與顏色

兔子的種類

在寵物店能看見許多兔子。兔子的品種與顏色都相當豐富，接著就來一起認識受歡迎的兔子品種。

品種豐富且體型大小千變萬化的寵物兔

會豎直長長耳朵的小白兔⋯⋯，出現在童謠裡的兔子多半給人這樣的印象。不過到了寵物店，才知道原來兔子有很多品種，像是垂耳兔、短毛或長毛兔、小型種、中型種、大型種，據說世界上就有超過150種的寵物兔。

小型種兔子方便飼養於公寓，是近年來的人氣寵物，較常見的有荷蘭侏儒兔及荷蘭垂耳兔，當然也有會想要挑戰大型種的養兔達人。

兔子不只是外型有差異，每個品種的性格特徵也會不同，就連理毛等照顧方式都有各自的訣竅。各位可做為迎接兔子回家時的參考依據。

兔兔專欄

什麼是ARBA？

ARBA是「美國家兔繁殖者協會」的簡稱。在全球擁有超過24,000名會員，屬於世界最大規模的兔子協會。每年皆舉辦大賽推廣純血統兔，同時也會進行品種改良或新品種開發。日本大多數的兔子專賣店都是販售ARBA認證的品種。

寵物兔的毛色變化也非常多樣

兔子的顏色種類繽紛，有些品種的顏色甚至超過30種。兔子和貓狗一樣，可分成純種與米克斯種（雜種），米克斯種又可細分出不同毛色。右頁根據ARBA制定的顏色分類基準，列出了書中會提到的6種主要色系。各位不妨了解每種色系的特徵，才能開心接回自己喜愛的兔兔。

常見的寵物兔顏色與花色

※ARBA針對不同品種會有不同的顏色分法。每個品種又可細分多個顏色及花色，書中僅刊載部分資訊。

●漸變色系（Shaded）

背部、頭部（尤其是鼻尖）、耳朵、前後腳、尾巴顏色較深，並朝腹部方向逐漸變淡，帶漸層效果。

照片顏色為暹羅黑貂色（Siamese Sable），另有玳瑁色（Tortoise，P.23）、黑貂斑點色（Sable Point，P.23）等。

●純色系（Self）

外觀屬於單一毛色。底毛有時會是不同顏色，但從外觀判斷時是單一顏色。

照片顏色為黑色，另有藍色（P.22）、巧克力色（P.17）、紅眼白色（P.17）等。

●鼠灰色系（Agouti）

腹部、眼睛周圍、下巴下方、尾巴內側為白色，其他部分則能看見一根毛帶有3種以上的顏色變化。對著兔子吹氣時，毛色會呈現環狀模樣。

照片顏色為栗子色（Chestnut），另有絨毛絲鼠色（亦稱金吉拉色，Chinchilla）、山貓色（Lynx，P.21）、藍腹松鼠色（Squirrel，P.17）等。

●日曬色系（Tan Pattern）

從下巴下方或是腹部延伸至胸部、眼睛、鼻子周圍、耳朵內側為白色，其他的部分為黑色或巧克力色。脖子的後方則是白色、橘色，或是淡黃褐色（Fawn）。

照片顏色為藍獺色（Blue Otter），另有黑獺色（P.18）。「Otter」、「Marten」的顏色區分法請參照P.18。

●碎斑色系（Broken）

兔毛底色為白色，且帶有斑紋。可分成斑點狀或條紋狀。

照片顏色為碎斑橘色，另有碎斑玳瑁色（Broken Tortoise，P.20）等。

●廣義色系（Wild Band）

身體、頭部、耳朵、尾巴、前後腳為單色，但眼睛周圍、耳朵內側、下巴下方、尾巴下方、腹部的顏色會比其他部分更深。

照片顏色為橘色，另有淡黃褐色（P.19）、紅色（P.24）等。

荷蘭侏儒兔

最大特色在於筆直豎立的短耳，著名的小體型立耳兔

原產自荷蘭，因此取名為荷蘭侏儒兔，是常見的小型兔。理想的短耳長度為5～6公分，嬌小身體再搭配上又大又圓的眼睛，十分可愛，是相當受歡迎的品種。一般認為荷蘭侏儒兔是由波蘭兔與野生穴兔交配而來。

由於荷蘭侏儒兔在健康與飼育管理的難度較低，體型小，適合養在空間受侷限的環境，因此非常受到歡迎，在教導如廁上也相對簡單。

基本 DATA

原產國：荷蘭

常見顏色：受歡迎色為橘色，又可分成漸變色系、純色系、日曬色系等，相當多樣。

標準體重：0.8～1.3kg

理想體重：約0.9kg

性格 多半好奇心旺盛，個性活潑。基本上都非常親人，甚至毫無防備。

color group
漸變色系

color
暹羅黑貂色

全身長滿深棕色的兔毛，身體側面、胸部、腹部、尾巴下方、前後腳內側顏色較淡。眼睛為棕色。

身體小小的，很可愛對吧？

※書中關於體型、體重的資料是參照ARBA（美國家兔繁殖者協會）核准大賽的審查基準，理想體重是以公兔的資料為基準。各品種的性格則是列出該兔種較常見的個性表現，但仍存在個體差異，並不是該品種的所有兔子都會表現出相同的性格。

color group
鼠灰色系

兔兔專欄

眼睛顏色也是非常繽紛

ARBA 對於與毛色相配的
眼睛顏色也有規範。一般
常見的有藍灰色、棕色，
當然也有眼睛為紅寶石
色、藍色的種類。

藍色

藍灰色

紅寶石色
（粉紅色）

color
栗子色
夾雜著淡褐色與黑色的栗子
棕色兔毛，特徵在於棕色的
眼睛。

color
藍腹松鼠色
夾雜著藍色與白色的淡色
系。又稱作藍絨毛絲鼠色
（Blue Chinchilla），眼睛為
藍灰色。

color group
純色系

color
巧克力色
深巧克力色為其特徵，毛色帶
有相當的亮澤度，眼睛為棕色。

color
紅眼白色
特徵在於全身包覆著純白
兔毛，眼睛為鮮豔的紅寶
石色。

荷蘭侏儒兔

color group
日曬色系

日曬色系的特徵
在於脖子、嘴巴、
眼睛、鼻子、
耳朵內側有一圈
顏色喲！

color
藍獺色
長有灰毛，腹部、眼睛周
圍、耳朵內側為白色。脖子
後方為淡黃褐色，眼睛為藍
灰色。

color
黑獺色
身上包覆著帶亮澤的黑毛。
腹部、眼睛周圍、耳朵內側
為白色。脖子後方為橘色，
眼睛為棕色。

※日曬色系又可分成「Otter」與「Marten」。耳朵後方毛色為橘色或淡黃褐色的稱為「Otter」，銀白色則稱為「Marten」。

color group
其他花色系
（Any Other Variety · A.O.V）

color
橘色
特徵在於明亮的橘色。眼睛周圍、脖子、耳朵內側、腹部及前後腳內側為白色，眼睛為棕色，是荷蘭侏儒兔中最常見的顏色。

肚子是白色唷～

color
淡黃褐色（Fawn）
特徵在於如奶油色般的淡褐色。毛色為白色的部分和上述的橘色荷蘭侏儒兔一樣。眼睛為藍灰色。Fawn 是「小鹿」的意思。

19

荷蘭垂耳兔

體型嬌小，肌肉卻很緊實！
是性格穩重的慢郎中

　　垂耳兔中體型最嬌小的品種，是法國垂耳兔與荷蘭侏儒兔交配後，再與英國垂耳兔交配而成，加以改良後自成獨立品種。特徵在於頭頂處長有名為「crown」的粗條狀長毛。喜歡跟在人後的可愛模樣與親人的性格使荷蘭垂耳兔擁有極高人氣，在美國更被大幅運用在動物輔助治療上，是會讓人覺得療癒的品種。

基本 DATA

原產國：荷蘭

常見顏色：純色系、碎斑色系、日曬色系、漸變色系、廣義色、鼠灰色系等非常多樣。

標準體重：不超過1.8kg
理想體重：約1.35kg

性格 多半喜歡撒嬌，性格沉穩，當然也有活潑，強調自我性格的一面。

color group
碎斑色系

color
碎斑橘色
白色底毛夾雜著橘色斑紋，眼睛為棕色。

color
碎斑玳瑁色
頭部、背部、屁股等處有如龜殼般的棕色斑紋，眼睛為棕色。

color group
鼠灰色系

兔兔專欄

理想的耳朵形狀？

荷蘭垂耳兔的特徵
在那短短的垂耳，
耳朵會垂在臉部側
邊。理想的耳朵形
狀要短小肥厚，像
湯匙一樣帶弧度。

color
栗子鼠灰色
特徵為較深的栗子色，且局
部混有灰毛，眼睛為棕色。

color
山貓色
亮米色夾雜著淡紫毛種的淺色調，
眼睛為藍灰色。

color
絨毛絲鼠色
夾雜著黑色與珍珠白
的漸層毛色，眼睛為
棕色。名稱是源自於
老鼠同類的絨毛絲鼠
（Chinchilla）。

荷蘭垂耳兔

color group
純色系

color
藍色
特徵在於帶有深邃藍的
灰毛色。色調沉穩卻明
亮，眼睛為藍灰色。

兔兔專欄

荷蘭垂耳兔和美國費斯垂耳兔哪裡不一樣？

最大差異在於兔毛質地。
美國費斯垂耳兔為長毛
兔，質地柔軟易打結，整
理時較為費力。性格部分
的話，荷蘭垂耳兔多半較
穩重，美國費斯垂耳兔則
是相對調皮。

color
黑色
全身包覆著黑漆漆的兔毛，感覺
就像是帶亮澤的絲絨布，眼睛為
棕色。

color
巧克力色
特徵在於如巧克力般的深褐
毛色，整體帶亮澤感，眼睛
為棕色。

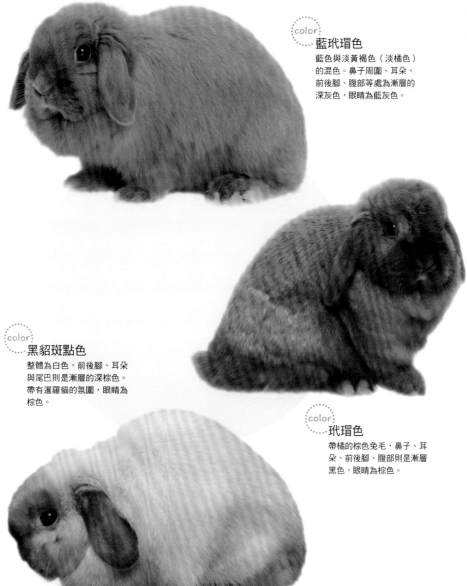

color group
漸變色系

color
藍玳瑁色
藍色與淡黃褐色（淡橘色）
的混色。鼻子周圍、耳朵、
前後腳、腹部等處為漸層的
深灰色，眼睛為藍灰色。

color
黑貂斑點色
整體為白色，前後腳、耳朵
與尾巴則是漸層的深棕色。
帶有暹羅貓的氛圍，眼睛為
棕色。

color
玳瑁色
帶橘的棕色兔毛，鼻子、耳
朵、前後腳、腹部則是漸層
黑色，眼睛為棕色。

荷蘭垂耳兔

color group
麻紋色

color
霜白色（Frosty）
兔毛底色為白色，鼻子、耳朵、前後腳則是較深的漸層灰，眼睛為藍灰色或棕色。

color group
廣義色

color
橘色
全身包覆著亮橘色的兔毛。腹部、腳尖為白色，眼睛為棕色。和荷蘭侏儒兔一樣，橘色都是相當受歡迎的顏色。

color
紅色
特徵在於深橘的毛色。腹部是比身體淡一些的漸層橘色或奶油色，眼睛為棕色。

迷你雷克斯兔

絲絨布般的觸感
讓人想要不停撫摸

　　迷你雷克斯兔的特徵在於那一摸就讓人停不了手的觸感。耳朵除外，全身均長有等長的兔毛，相當茂密。鬍鬚較短，肌肉緊實。前後腳的毛短，所以腳底負擔較大，飼養時建議鋪放軟質地墊。

基本 DATA

原產國：美國
常見顏色：黑色、藍色、紅色、海狸棕色（Castor）、碎斑色等
標準體重：1.4～1.9kg
理想體重：約1.8kg
性格 聰明、愛撒嬌、多半相當大膽。

color:
碎斑藍色
白毛色為基調，夾雜著藍色紋樣，眼睛為藍灰色。

color:
黑色
特徵在於包覆著全身的亮黑兔毛，眼睛為棕色。

兔兔專欄

標準的雷克斯兔體重可是有5kg重呢！

30～40cm

迷你雷克斯兔與
標準雷克斯兔哪裡不一樣？

迷你雷克斯兔如同其名，是以標準雷克斯兔與小型侏儒兔交配而成的小型兔。雷克斯兔的標準體重為3～5kg，是迷你雷克斯兔的2倍以上呢！

25

澤西長毛兔

全身毛絨絨
觸感讓人無比滿足的兔種

以荷蘭侏儒兔和法國安哥拉兔交配而成，相對較新的品種。圓弧外型加上圓滾滾的眼睛令人印象深刻。特徵在於非常漂亮的兔毛質地，以及像瀏海一樣、長在雙耳間的wool cap裝飾毛。被毛雖然較長，卻不容易打結，整理起來其實比想像中輕鬆！對於尋找長毛兔的新手飼主而言，澤西長毛兔會是不錯的選擇。

基本 DATA

原產國：美國

常見顏色：鼠灰色、碎斑色、純色、漸變色、日曬色系等非常多樣。

標準體重：1.3～1.6kg

理想體重：約1.35kg

性格 多半生性沉穩，照顧上也較輕鬆，不會有太過強烈的自我主張，飼養難度低。

color group
碎斑色系

color
碎斑玳瑁色
蓬鬆的白毛為底，眼睛周圍、耳朵帶有玳瑁色（如龜殼般的褐色）斑紋，眼睛為棕色。

color
碎斑橘色
全身包覆著白毛，眼睛周圍與耳朵帶有橘色斑紋，眼睛為棕色。

color group
純色系

藍眼白色
特徵在於全身包覆著珍珠白色的
兔毛，眼睛是很少見的藍色，相
當漂亮。

兔兔專欄

特徵在於
「wool cap」裝飾毛

這裡♡

澤西長毛兔的特徵在於頭部有
一撮像毛筆一樣的長毛，名為
「wool cap」。參加ARBA大賽
時，如果頭上沒有 wool cap 可
是會被扣分的呢。

color
巧克力色
基本色為深沉的褐色，底
毛為深米色，眼睛為棕色。

侏儒海棠兔

最鮮明的特徵
就是框住眼睛周圍的眼圈

全身雪白，眼睛周圍的眼圈就像畫了眼影一樣，讓人印象深刻。以荷蘭侏儒兔與海棠兔（Blanc de Hotot）交配而成，更是集兩者優點於一身的小型兔。

不僅好奇心旺盛，性格也相當大膽，算是帶出門能迅速適應環境的品種。

基本 DATA

原產國：德國

常見顏色：標準色是眼睛周圍「眼圈」除外的部分必須是純白色。

標準體重：1.0～1.3kg

理想體重：約1.1kg

性格 好奇心旺盛、活潑、大膽。雖然有時比較好強，卻也很親人。

兔兔專欄

只要有些許斑點
就不符合參賽資格！

即使父母都是純白毛色，侏儒海棠兔有時身體還是會出現小斑點。可是參加ARBA大賽時，據說除了眼圈外，只要有些許小斑點就會失去參賽資格呢！

這裡！

color
標準色

全身包覆著純白的白毛。特徵在於眼睛周圍的黑色或巧克力色眼圈，眼睛為棕色。

可愛度超群！
像玩偶一樣的長毛兔

如玩偶般的模樣讓人印象深刻，又名「長毛垂耳兔」，是從長毛型荷蘭垂耳兔延伸出來的品種。想讓招牌兔毛常保蓬鬆的話，可少不了確實的理毛作業以及富含蛋白質的優質飲食。適合能花較多時間在照顧工作上的飼主。

基本 DATA

原產國：美國
常見顏色：鼠灰色、碎斑色、純色、廣義色系等非常多樣。
標準體重：1.3～1.8kg
理想體重：約1.6kg

性格 好奇心旺盛、不太怕人，有時自我性格強烈。

color group
碎斑色系

color
碎斑玳瑁色
底色為白色，臉部、耳朵、前後腳、尾巴帶有龜殼的褐色，眼睛為棕色。

color group
漸變色系

color
玳瑁色
全身包覆著帶橘的褐色。身體側面、耳朵、尾巴是漸層的深灰色，眼睛為棕色。

29

英國安哥拉兔

擁有非常華麗的長毛！
個性沉著穩重

　　英國安哥拉兔全身包覆著帶亮澤的長毛。最大特徵就是毛的長度，不過質地纖細，非常容易打結起毛球，所以必須頻繁地理毛。個性沉穩，是比較容易抱在懷裡的品種。不太會四處走動，總是一副很悠閒的模樣。

基本 DATA

原產國：英國
常見顏色：鼠灰色、純色、廣義色系等非常多樣。
標準體重：2.9kg
理想體重：約2.7kg

性格 非常沉穩，卻也比較放不開

color group
鼠灰色系

color
栗子色
夾雜著黑色、焦褐色、褐色、米色的漸層色調，眼睛為棕色。

color group
純色系

color
巧克力色
全身包覆著褐色單一種顏色，眼睛為棕色。

兔兔專欄

長毛的安哥拉兔擁有4層毛！

安哥拉兔一共有4層兔毛，保暖性非常好，也因此多半較為耐寒。擁有如此保暖的被毛當然就很不耐熱，所以夏天務必做好溫度管控。

法國垂耳兔

體型居垂耳兔之冠！
親人且個性溫和的兔兔

　　法國垂耳兔長大的體重可達到5公斤左右，是垂耳兔中體型最大的品種。由英國垂耳兔及名為Butterfly Rabbit的大型兔交配而來。飼育條件上需要寬闊的籠舍，所以務必事先評估兔子長大後是否能給予所需空間。

基本 DATA

原產國：法國
常見顏色：碎斑色、鼠灰色系等，顏色非常豐富。
標準體重：4.5kg以上
理想體重：約4.8kg

性格 個性沉穩的慢郎中，多半能與小孩好好相處。

color group
鼠灰色系

color
栗子色
夾雜著黑色、焦褐色、褐色、米色的漸層色調，眼睛為棕色。

英國垂耳兔

特徵是像小飛象一樣的長耳朵！
也是垂耳兔的始祖

　　英國垂耳兔最鮮明的特徵就是約莫60～70公分的長耳。以寵物兔來說算是相當久遠的品種，也是荷蘭垂耳兔、法國垂耳兔等垂耳兔的祖先。必須勤剪趾甲，以防兔子抓傷長耳。不耐熱，務必確實做好溫度管控。

基本 DATA
原產國：英國
常見顏色：橘色、藍色等顏色多樣。
標準體重：4.0～4.5kg
理想體重：4.3kg以上

性格 聰明、沉穩，親人。

color group
漸變色系

color
玳瑁色
以帶橘的褐色為基調，鼻子、耳朵、前後腳、腹部夾雜著黑色漸層，眼睛為棕色。

佛萊明巨兔

魅力之處在於大大的耳朵
成兔重量甚至超過10公斤

　　佛萊明巨兔的特徵在於會筆直豎起的大耳朵。再加上體型偏大，所以籠內空間要充足，抱起或理毛時會比其他品種來的辛苦，每天的餐費也很可觀。不過個性親人可愛，對於想要養大型兔的資深飼主而言，是頗有人氣的品種。

基本 DATA

原產國：不明
常見顏色：黑色、淺灰色等相當豐富。
標準體重：5.9～6.3kg
理想體重：5.9kg以上
性格 沉穩溫厚，多半能跟人好好相處。

color group
純色系

color
紅眼白色
特徵在於包覆著全身的純白毛，眼睛是鮮豔的紅寶石色。

color group
鼠灰色系

color
栗子色
栗子棕色兔毛，裡頭夾雜著焦褐色、淡褐色、黑色，眼睛為棕色。

獅子兔

有如獅子般的鬃毛！
威風凜凜的人氣兔兔

　　傳承自侏儒安哥拉兔的血統，是尚未被認可為純血種。不過如獅子般的鬃毛，再加上個性親人，是很有人氣的品種。除了脖子周圍的鬃毛外，身體邊緣可能還會有如裙子般的長毛。

基本 DATA

原產國：比利時
常見顏色：除了純色系，還有鼠灰色、漸變色、日曬色等不同色系。
標準體重：不超過1.7kg
理想體重：約1.6kg

性格 有點膽小，卻也相對文靜，多半非常親人。

color
黑獺色
整體為黑毛，胸部與前後腳內側帶點白。脖子後方夾雜點橘色，眼睛為棕色。

color
藍色
全身包覆漂亮的灰色。長毛處是淡灰色，所以看起來就像漸層，眼睛為藍灰色。

無論顏色或性格
都非常有特色的兔兔

　　日本所稱的迷你兔（ミニウサギ），其實是血統包含日本白兔（Japanese White Rabbit）與道奇兔（Dutch）等，也就是俗稱的米克斯兔。體型有大有小，所以長大時的模樣會讓人充滿期待。每隻的性格表現也不盡相同，所以在飼育過程中掌握兔兔的個性及如何相處就很重要。

兔兔專欄

迷你兔長大後
就不再「迷你」嗎？

迷你兔只是通稱，並不是指兔子很小隻啦。另有一種說法是這類兔子的體型比始祖的日本白兔小，所以取名為迷你兔。小時候雖然有著跟荷蘭侏儒兔一樣的短耳，不過長大後耳朵可能變長、身體可能變大，展現自我風格。

color 白色系

color 栗子色系

color 玳瑁色系

寵物兔的始祖可以追溯到什麼時候？

認識兔子的歷史

兔子自古便融入人們的生活之中，經常出現在民間故事、諺語，甚至是童謠裡，與你我息息相關。

兔子的飼育史可追溯至遙遠的古代！

現代的寵物兔，是將野生穴兔經家畜化飼養而來，不過飼養的歷史非常悠久，從中世紀就開始進行有規劃的改良。原本被作為食用與毛皮用的飼育兔由於模樣可愛，所以逐漸變成你我熟悉的寵物。

日本在明治時代初期還曾掀起一股養兔熱潮，認為飼養「外國產長耳兔」就能招財，甚至留有兔子以金額昂貴交易的紀錄。政府當時為了避免交易失控，決定課予高額的兔子稅，才平息了這場異常的養兔熱潮。

日本人眼中的兔子

「月亮上住著一隻兔子，正搗著麻糬……」

相信不少人小時候都有聽過這樣的故事吧？這則傳說源自於中國，人們自古就相信月亮上住著兔子，正在製作長生不老的仙丹。而描繪著月兔的畫作在飛鳥、奈良時期傳入日本民間，口耳相傳至今。

日本民間故事「咔嚓咔嚓山」和童謠「龜兔賽跑」裡的兔子都有個共通點，那就是個性相當狡猾、輕率。日本學校的道德教育課常以這些故事為例，訴說像兔子這種耍小聰明的角色最終只會迎來失敗，進而強調勤勉努力的重要性。

如果是現在的寵物兔，怎麼看都是可愛無比，很難與狡猾畫上等號。不過，一起生活的時間拉長後，會發現兔子有時也相當調皮搗蛋，甚至不好相處，和民間故事裡形容的兔子頗為相似呢。

兔子的分類

兔形目

- 兔科
  - **穴兔屬** 會於地面挖掘隧道，共同生活在裡頭，前腳較短。 *寵物兔的始祖*
  - **兔屬** 獨居生活，且不會挖掘巢穴，前後腳皆較長。
  - **其他屬** 除上述的穴兔屬與兔屬外，另有8屬。
- **鼠兔科** 主要分布於青藏高原與中亞高山地帶。特徵在於如小鳥般的鳴叫聲以及短小的耳朵。

PART 2

迎接兔子回家

如果想和兔子一起生活，
當然就要好好了解兔子的習性與特徵。
事先備妥想為兔兔準備的物品以及籠內擺設，
就能展開與兔子的舒適生活囉！

飼養之前，務必思量的事項

喜迎兔兔前

和兔子一起生活，就代表多了一個家人。
決定好要迎接兔子回家後，就必須做足心理建設及事前準備。

養兔子前的思考Point

1. 是否能負起照顧責任，陪伴兔子到最後？

2. 是自己還是和家人一起飼養？

3. 迎接兔子後，和其他寵物是否合得來？

迎接家族新成員
你是否已經準備好了？

外貌可愛、體型嬌小，再加上不會鳴叫，這些特點讓兔子成為就算居住在集合住宅裡也非常適合飼養的人氣寵物。

不過看似可愛玩偶的兔子，仍然是一條寶貴的「生命」，想要讓兔子活得健康，當然少不了細心的照料。一旦餵食方式、護理方式出了差錯，不僅會害兔子感覺不適，甚至可能導致兔子生病。

和兔子一起生活，代表飼主也要負起相應的責任，得陪伴兔子照顧牠一輩子。所以當我們迎接兔子時，同時也必須做好家中新增一名成員的覺悟。

這個時候，飼主要去理解兔子的習性，首先想像有兔子陪伴會是什麼樣的情況。讓兔子與自己的生活型態相互搭配，彼此成為能一起愉快生活的最佳伴侶。

首先務必確認
與家中寵物合得來嗎？

兔子是會圈定地盤領域的動物，飼養一隻最為理想。若家中已有其他寵物，則須評估彼此是否能愉快地共同生活。

◯ 較合得來的動物

小鳥 狗

兔子和狗相對合得來，但一起放風時視線不可離開，以免狗咬著兔子玩。

✕ 應避免同居的動物

貓 雪貂 天竺鼠

對貓、雪貂這類肉食動物而言，兔子可是最佳獵物。天竺鼠雖然能與草食動物和平相處，但彼此有共通傳染病，所以應避免同居。

（※）每隻動物情況不同，以上僅供參考。

check 1

是否能夠照顧到最後？

兔子的壽命雖然依品種略有不同，但多半落在7～8歲。好好注意健康狀況，甚至能活超過10歲。既然要好好照顧兔子到最後，就必須思考自己或家人10年後會有什麼改變。

 check 2

家人是否贊成飼養兔子？

養兔子相當於家中增添新成員，所以要取得家人們的同意。另外還要確認是否有人會對兔子過敏。

 check 3

是否清楚明白
養兔子所需要的花費？

剛開始除了要花費2～3萬日圓準備籠舍等飼育用品外，還會有飼料、消耗品、醫藥費等日常開銷。建議各位一定要先跟醫院詢問所需的費用，掌握自己該準備多少預算。

 check 4

是否能提供兔子
放心生活的空間？

評估要養在家中的哪個位置。挑選符合體型的籠子尺寸，擺在通風良好，可照到陽光，能讓兔子放鬆的安靜地點。

check 5

是否有充足時間
天天照顧兔子？

寵物不是野生動物，少了飼主的照料可是活不下去。就算不用像養狗一樣帶出門散步，還是要做到餵食、清理便尿、室內運動、溫溼度管控、理毛等照顧工作，才能讓兔子健康生活。

每天都要清掃籠子喲！

2
迎接兔子回家

相遇

評估要迎接哪類型的兔寶回家？

除了兔子的外型長相，還要思考和自己的個性與生活型態是否符合，才能找到合適的最佳伴侶喲。

✦ 和喜愛的兔兔相遇 Point

1. 體型大小與兔毛長短，是否符合自己的生活型態？

2. 是否已經掌握性別會帶來的行為差異？

3. 是否確實了解耳朵形狀與疾病的關聯？

尋找符合自己生活型態的理想兔子

兔子可分成大中小型、長毛短毛、立耳垂耳，據說種類多達150種，當然性格表現上也會有些許差異。

體型愈大，就必須有較大的飼養空間。兔毛長短也會影響理毛等照料工作所需要的時間。一旦無法給予充分照顧，甚至因此感到痛苦，那麼無論是對飼主或兔子而言，都是相當不幸的。

挑選兔子時不能只看外表，還必須了解牠們的特性。針對飼養空間、兔毛長短等條件仔細地逐一評估，才能找到符合自己生活型態的兔子喲。

🐰 也別忘考慮體型大小與籠舍空間

籠子必須夠大，讓兔子能將耳朵完全豎直，且能將腳伸直趴地，裡頭還要能擺放便盆、食盆。當兔子體型愈大，籠子的尺寸就必須愈大，所以要好好思考飼養的兔子體型與房間大小是否相符。

體型大小參考表

小型（1～2kg）
- 荷蘭侏儒兔
- 荷蘭垂耳兔
- 澤西長毛兔
- 迷你雷克斯兔

中型（2～5kg）
- 雷克斯兔
- 英國安哥拉兔
- 道奇兔 等

大型（5kg）
- 法國垂耳兔
- 英國垂耳兔
- 佛萊明巨兔 等

護理時間依兔毛長短
每隻大不差異

長毛兔的觸感佳，光是撫摸就會倍感療癒。長毛兔卻也容易起毛球，因此少不了每天的梳理工作。再加上掉毛量多，變得必須花更多時間打掃房間。長毛兔不耐熱，所以溫度管理也很重要，在照料上需要花費比短毛兔更多心思，較適合能投入大量時間照顧的飼主。如果是沒有太多時間的人或新手飼主，則較推薦短毛兔。

長毛種
- 澤西長毛兔
- 美國費斯垂耳兔
- 獅子兔

短毛種
- 荷蘭侏儒兔
- 荷蘭垂耳兔
- 侏儒海棠兔
- 迷你雷克斯兔

公兔？母兔？性別造成個性與行為差異

公兔 ♂
- 地盤意識強烈
- 發情時會到處噴尿
- 會到處磨蹭下巴，留下氣味圈定地盤

母兔 ♀
- 會出現沒懷孕卻築巢的「假懷孕」行為
- 懷孕後脾氣變得暴躁

一般而言，母兔多半個性沉穩，較不怕生，所以飼養難度較低。當然，有些公兔喜歡調皮搗蛋，有些則非常撒嬌。當兔子逐漸長大，開始發情時，公母的行為就會出現明顯差異，因此飼主必須充分理解其中差異，決定要飼養公兔還是母兔。出生3個月內的兔子較難看出公母，建議可請寵物店幫忙辨別。

耳朵形狀不同
照料重點也不同

兔子多半給人會豎起長耳的印象，不過也有耳朵會下垂的「垂耳兔」。一般而言，立耳兔個性調皮活潑，垂耳兔則是沉穩步調緩慢。下垂的耳朵看起來好可愛，使垂耳兔頗受歡迎，不過這樣的形狀也有損耳內的透氣性。尤其是梅雨或夏季容易悶住，因此垂耳兔會比立耳兔更容易罹患耳朵相關疾病，須特別留意。飼主平常就要多注意耳內是否有汙垢或異味，發現髒汙時要擦拭乾淨，做好耳部清潔工作。

〔垂耳兔容易罹患的疾病〕
- 外耳炎（耳疥蟲）
- 中耳炎
- 內耳炎

41

相遇

與兔子初次相遇，就從這些管道開始

迎接兔子回家的地點有幾個選項，
但無論何者，都該親身前往確認後再挑選。

如何與兔子相遇的Point

1. 親眼仔細確認挑選

2. 透過養兔知識豐富者取得兔子，會較安心

3. 兔子是晨昏型（※）動物，看兔子建議等傍晚過後

一定要親眼看過兔子
此乃迎接的基本守則

取得兔子有幾種管道，可以向寵物店或育種者購買、朋友送養，或是透過開放領養的團體領養兔子。

無論是從哪個管道，都必須與兔子實際面對面，親眼看過後再決定是否飼養。如果是抱持著隨便態度，只憑照片或基本資料挑選兔子，認為不喜歡或有缺陷再退換貨就好的話，會很容易造成糾紛，因此不推薦各位這種方式。

為了避免把兔子接回家後，才後悔「跟我想得不一樣」，讀者們一定要充分確認兔子的模樣、健康狀況，以及原本的飼養環境，再為自己挑選出獨一無二的兔寶貝。

初次見面

※晨昏型：活動時間介於傍晚到隔天清晨。

前往寵物店購買

以前的寵物店以販賣貓狗為主，不過目前多半都有銷售兔子，還增加了不少兔子專賣店。專賣店會有擁有豐富兔子知識的店員，用品也較為齊全，非常推薦給各位。寵物店的好處在於我們能夠私下觀察兔子的狀態、行為、健康情形後，再決定是否購買。就算看見喜歡的兔子也不要衝動買下，建議多去幾次寵物店觀察兔子的模樣，或是問問店員蒐集相關資訊。

 ## 洽詢育種者

育種者是指專營寵物繁殖的人或企業。育種者多半會繁殖特定品種，因此對於該品種的知識與飼育經驗也相對豐富。不少育種者皆設有網站，如果已想好自己要養的品種，其實也可以先上網調查，但購買時還是要盡量親身造訪，看過兔子後再決定。與心儀兔子相遇的同時，如果還能會會兔子的父母，將更容易想像兔子長大後的模樣。

 CHECK！

如何挑選優質寵物店

☐ 店內與飼育環境要整潔

展示兔子的籠舍若撒滿吃剩的食物、排泄物，就表示兔子長時間生活在骯髒的環境下，會很容易生病，因此要確認店內的飼育環境是否乾淨。

☐ 擁有豐富的養兔知識

新手飼主什麼都不懂，店家若是能教導如何挑選兔子與飼養方式，飼主也會安心許多。各位可以多向店員詢問問題與疑慮，選擇願意給予詳細建議的寵物店。

☐ 備有豐富的寵物用品

和兔子開始生活後，還是會持續前往寵物店，購買日常所需的消耗品，所以除了最初的籠子等飼育用品外，也要確認店家是否有多種飼料、消耗品、照護用品可供選購喲。

 不知該去哪裡挑選兔子……！

日本兔子專賣店的先驅
うさぎのしっぽ（兔子尾巴）

設立於 1997 年，以協助飼主「和兔子一起生活」為目標的兔子專賣店。店內有懂兔子的人員，用品種類非常豐富。日本國內有橫濱店、惠比壽店、洗足店等分店，尚無海外分店。
https://www.rabbittail.com/

看挑選適合我的用品喲！

向一般飼主領養

兔子一次能產下多胎，數量可達4～10隻，所以從朋友等一般飼主手中領養兔寶寶也是方法之一。兔寶寶出生6週內都需要媽媽的母乳，充足的母乳能使兔寶寶形成免疫力，擁有健康的身體，所以領養的最佳時機會是兔子已經完全斷奶、腸胃處於穩定狀態的8週過後（出生2個月）。另外，近親繁殖容易出現健康上的問題，因此記得詢問是否為近親繁殖。

 ## 領養流程

1　尋找要繁殖兔寶寶的飼主
　　↓
2　事先告知希望領養兔子
　　↓
3　實際看過出生的兔寶寶
　　↓
4　2個月後領回兔兔
　　↓
5　帶去動物醫院做健康檢查

 ## 透過養父母募集機制

有時網路或兔子雜誌會刊登募集養父母的訊息，所以也可利用此管道取得兔兔。這些有可能是學校的兔子生太多必須送養，也有可能是愛兔團體先安置遭棄養的成兔，因此要尋找能接手的養父母，各位在尋找時務必充分確認條件。如果是透過網路或雜誌獲得的資訊，建議還是要能實際前往確認兔子的狀況。正式領養時也必須親身前往，確認兔兔的健康狀況後，再將其領回。

募集養父母

迎接兔子回家前的注意事項

☑ check 1
兔子的品種與性別

兔子的品種與性別不同，個性與行為也會有所差異，所以必須事前做好功課，了解各自的特徵。

☑ check 2
出生年齡

確認兔寶寶的出生時期。若出生尚未滿2個月，請務必等到2個月後，兔子完全斷奶，身體情況穩定後再接回。

☑ check 3
父母的性格與特徵

兔子可能會遺傳父母的特徵或性格，所以要盡量蒐集相關資訊，也可以了解一下兄弟姊妹的健康狀況。

☑ check 4
吃哪些食物

突然改變飲食可能會使兔子生病，所以要記得詢問兔子吃什麼牧草、飼料以及食量，接回後先給予相同食物，並觀察兔子的情況。

☑ check 5
原本的飼育環境

兔子是對環境變化很敏感的動物。記得先確認兔子原本使用的地墊材質、籠內設置，為寶貝準備好舒適的環境吧。

要等我至少2個月大喲

兔兔專欄

什麼時段比較適合和兔子相會？

兔子是晨昏型動物，白天幾乎都在睡覺，到了夜晚會變得精力旺盛。如果要去寵物店看兔子，建議等傍晚6點過後，兔子開始活動再去會比較適合。有些兔子就算白天很安靜，到了晚上也可能變得很活潑喲。

挑選兔子

迎接健康的兔子回家

無論是從哪裡迎接兔兔,都要仔細確認身體每個部位,才能接回健康又活潑的兔子喲。

挑選健康兔子的Point

1. 確認眼睛、耳朵、屁股等部位是否乾淨

2. 是否有精神地到處走動,從行動方面確認健康狀態

3. 原先的飼育環境是否妥當

迎接回能陪伴我們長久生活的健康兔兔吧

我們把兔子接回當成家人一起生活後,當然希望兔子陪我們的時間能更長一些。想要兔寶既健康又長壽,就必須在見面時好好確認牠的健康狀況。

兔子是晨昏型動物,白天幾乎都在睡覺,所以建議傍晚過後再去看兔子。

和兔子見面後,要充分確認原本的成長環境。是否單隻分籠飼養?籠內是否有打掃乾淨?以及主食是否為牧草?如果可以的話盡量讓兔子出籠,近距離觀察體格、兔毛狀態和身體各個部位。

別忘了確認食物及大小便

如果籠內有兔子排泄物的話,也別忘了加以確認。咖啡色圓形的糞便代表兔子很健康,而尿液則必須是非透明的濁色。另外還要確認食物是否包含牧草、飼料等能讓兔子擁有健康體格的飲食內容。

耳

耳內是否乾淨？
有無異味或汙垢？

確認耳朵內側有無汙垢、潰爛、結痂或異味。

Point

可以請店員抱著兔子
協助確認健康狀態

盡可能地實際觸摸到兔子，確認身體的健康狀態。如果還沒習慣觸摸兔子的話會很有難度，這時可以請寵物店店員抱著兔子，再依照本頁提到的重點逐一確認。

眼

有沒有分泌物
等髒汙？

有無眼淚、分泌物，眼睛周圍是否乾淨？眼睛是否睜不太開？

鼻

有沒有
流鼻水？

有無流鼻水？鼻子周圍是否乾淨？會不會打噴嚏？

皮膚

有沒有
皮屑或起疹子？

是否有皮屑、傷口、結痂、發紅、起疹子或掉毛？兔毛質地是否漂亮帶光澤？

嘴、齒

嘴巴周圍
是否乾淨？

有沒有流口水？嘴巴周圍是否有髒汙？門牙咬合是否正常？

腳

有無受傷
或掉毛？

有沒有觸摸時，兔子會感覺疼痛的部位？是否有傷口、掉毛？前腳有無鼻水或口水沾附的髒汙？

屁股

是否沾到糞便
或尿液？

屁股周圍是否有沾到糞便或是尿液？糞便是否呈圓粒狀？

用品

迎接新成員，
先備好飼育用品

接回兔子前要先準備好該有的生活必需品，並全部擺設完畢，這樣兔寶回家後就能立刻使用喲。

挑選用品的Point

1. 挑選兔子長大後也能用的東西

2. 挑選符合兔子成長、使用性佳的物品

3. 挑選好清掃的功能性佳的產品

必須準備的飼育用品

▶ 籠子

挑選重點為環境舒適且使用方便

　　兔子大多數的時間都會在籠內度過，所以挑選的籠子必須夠寬、夠高，讓兔子能夠前後腳伸長趴睡，以及站起時頭部不會碰到籠頂。籠內還會擺放生活所需用品，因此也要評估空間是否足夠。另外，便盆和底盤等容易髒掉的地方需要每天清理。建議挑選有兩片門設計的籠子，這樣飼主在使用上會更順手。

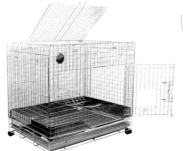

Point 1

長大後能繼續使用的尺寸

有些兔子長大後體型可能會變兩倍，所以要挑選成兔站起時耳朵不會碰到籠頂的籠子。建議尺寸為長60×寬50×高50cm以上。

Point 3

抽屜式底盤

每次打掃都必須拆掉籠子的話會很麻煩，如果是抽屜式底盤設計就能鋪放尿布墊，打掃起來更輕鬆。

Point 2

雙門設計

如果只有前門的話，可能無法打掃到籠內每個角落，抱兔子進出籠子也會比較不順手，如果籠頂有可開關的門片會更方便。

▶ 便盆

挑選和籠子與體型相符的設計

　　便盆可分成三角形或長方形，材質以塑膠或陶瓷為主。陶瓷便盆比較貴，但不容易刮傷，能迅速清理乾淨。塑膠便盆價格平實，但比較容易損傷，且重量輕，兔子可能會打翻。另外，木製便盆雖然不用擔心兔子啃咬，卻容易沾附尿液或氣味，較難完全洗淨。每種材質的優缺點都不同，建議各位可根據兔子體型、性格、籠內大小、自身習慣挑選適合的便盆。

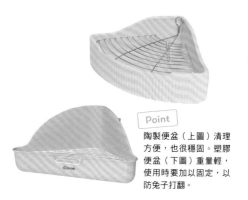

Point

陶製便盆（上圖）清理方便，也很穩固。塑膠便盆（下圖）重量輕，使用時要加以固定，以防兔子打翻。

▶ 便砂、尿布墊

挑選使用性佳的物品

　　便砂的原料主要是松木，只有髒掉的部分會變成粉狀，這時再用鏟子去除粉狀的部分即可，有些便砂還能直接沖馬桶。在籠子或便盆底部鋪放尿布墊，這樣就能連同糞便直接丟棄，籠底也不會變髒，打掃起來非常輕鬆。當兔子還學不會定點如廁時，建議可在籠底鋪滿尿布墊。不過，若誤食尿布墊可能會使胃部腫脹，務必多加留意。

Point

便砂的主成分為松木，有天然的除臭效果，可抑制氣味。有些可當成一般垃圾丟棄，有些則可直接沖馬桶。

Point

在籠底鋪放尿布墊就能連同糞便直接丟棄，非常方便。不過價格比便砂貴一些，有些尿布墊還添加檜木或活性碳成分，標榜能夠除臭。

▶ 地墊

保護兔子腳底的必備品

　　兔子腳底構造特殊，比起完全平坦的平面，帶點凹凸起伏的地面反而較不會造成負擔，所以要挑選適合兔子腳底的地墊。地墊主要可分成塑膠製、金屬製、木製。地面不乾淨的話，兔子很容易罹患腳瘡等皮膚病，所以務必每天清掃。另外，也要記得每週水洗、曝曬地墊。可準備另一組地墊替換，會比較方便。

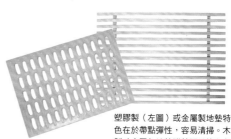

Point

塑膠製（左圖）或金屬製地墊特色在於帶點彈性，容易清掃。木製（右圖）地墊雖然不用擔心兔子啃咬，但可能被咬壞或發霉，都必須多加留意。

49

▶ 飲水器

設計務求方便飲用

能從外側固定於籠子上的飲水瓶不須刻意預留空間，就算碰撞到也不會灑漏。飲水口可分成轉動滾珠的滾珠式，以及裝有彈簧水不易滴漏的撞針式設計。如果兔子不太會用飲水瓶，則可選擇沉重、穩固的陶製飲水器或虹吸出水設計的飲水器。

飲水瓶的飲水口大小與容量要符合兔子的年齡。裝水口較大，清理會較輕鬆。

如果是不太會用飲水瓶的兔子或高齡兔，則可選擇擺放式的碗盆或虹吸出水設計的飲水器。

▶ 牧草盒

固定式設計較方便

牧草盒的種類很多，有些還能當成玩具玩。牧草盒的特色在於牧草不易飛散，且方便補充。兔子有時會咬住並打翻擺放於地面的牧草盒，建議挑選可固定的設計。

左圖的陶製，以及樹脂、木製皆為常見材質。樹脂及木製牧草盒的清理簡單。木製則兼具啃木功能。

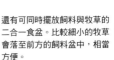

還有可同時擺放飼料與牧草的二合一食盆。比較細小的牧草會落至前方的飼料盆中，相當方便。

▶ 飼料盆

挑選可固定於籠子的設計

兔子心情不好或是玩樂時，可能會咬翻或甩丟飼料盆，所以要挑選不易咬住或能固定在籠子的設計。推薦有厚度，不用擔心兔子咬住甩來甩去，且不易附著髒汙的陶製飼料盆。

如果是可以固定在籠子上的飼料盆，要設置在兔子容易進食的高度。

擺放在地面的陶製飼料盆不用擔心兔子打翻，有些邊緣還採用圓弧設計，減少飼料撒出。

▶ 兔窩

挑選能讓兔子放鬆的尺寸

兔子原本是掘穴而居的動物，在狹窄的空間較感安心，所以如果能有個藏身處一定會很開心。各位不妨依季節或用途挑選兔窩，如兼具啃咬玩樂功能的木製或牧草編製兔窩，冬天則可選擇溫暖的布製品。正值生產階段的兔子還有可能把兔窩當成巢箱。

有些兔窩還可視籠內大小連接起來做使用。兔子如果能整隻窩在裡頭的話，就會很放鬆喲。

牧草或稻稈材質的兔窩不用擔心兔子吃下肚，冬暖夏涼，整年適用。

▶啃木、玩具

啃咬紓壓

兔子長時間關在籠內的話，可能會因為太想出來而啃咬籠子的金屬網，但這樣會傷到牙齒，所以建議給予啃木或玩具，不僅能讓兔子紓解壓力，還可避免牙齒長太長。請挑選天然木材或牧草等，就算吃下肚也沒關係的安心素材。

啃木分成可固定於籠子的型式、垂吊款或可放牧草的設計，非常多樣。

有些玩具裡面會填塞適口性佳，有益健康的香草，既可吃又可玩。

▶溫溼度計

溫溼度管理上的必需品

兔子不耐溼熱，因此須在籠子附近裝溫溼度計，確認溫溼度條件是否合適。建議室溫介於20～28度，溼度則為40～60%。直接照到陽光會使體感溫度變高，所以籠子必須擺放在通風且不會直射陽光的位置。

一目了然的電子式溫度計。如果有電線設計，則要避免被兔子啃咬。

可同時確認溫度與溼度的款式，還有標出舒適的溫溼度範圍，相當方便。

▶照護用品

平常要多照料掉毛與趾甲

兔子很容易因為吞食大量的兔毛而引發毛球症，所以平常就要多幫牠理毛。梳子可分成針梳、天然毛梳及橡膠刷。趾甲太長也會使兔子受傷，建議每1～2個月就要修剪。

換毛期專用梳（右圖）、可增加光澤的按摩梳（左圖）。建議可依用途準備數款梳子，使用上會更方便。

修剪趾甲的用具可分成研磨式或剪刀式，飼主請挑選自己好握不手滑的趾甲剪。

▶外出包

外出時的必需品

去醫院、遛兔或旅行外出時，必須準備外出包。請挑選附地墊、非貓狗用的兔子專用外出包，這樣不僅較安全，也能減輕對兔子身體的負擔。可上開與側開的兩用外出包會比較方便。

布製外出包重量輕、方便攜帶，請挑選有透氣網設計的外出包。

硬殼外出籠相對穩固，還能整個清洗，整理起來較方便，遇到災害時還能當成籠子使用。

視需要準備的方便用品

Point
依生活型態與飼育環境購買

這裡將介紹一些無須急迫購買，可視季節、飼育環境、成長狀況購買的便利用品。飼主可先與兔子一起生活看看，再來評估有無購買需求。

▶ 圍欄

打造可安全遊玩的空間

兔子除了能在圍欄內玩耍，也是清理籠子時暫時安置的空間。若飼主長時間不在家，那麼準備與籠子相通的圍欄就會非常方便，當然還要做好兔子放風玩耍時的安全對策。兔子有可能會跳出圍欄，所以圍欄高度要足夠。

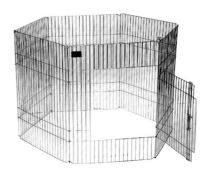

折疊式圍欄使用上較方便，挑選高度至少60㎝的圍欄。

▶ 禦寒、抗暑用品

注意天氣變化

兔子較難適應氣溫急遽變化，且不耐熱，所以季節交替時很容易生病。當兔子生活在空間有限的籠內，將無法自行找到舒適的場所，這時建議為牠準備禦寒或抗暑用品。不過，過度保溫或過度降溫也會造成身體不適，挑選專為兔子設計的產品使用上會較安心。

禦寒用品

可設定溫度且讓兔子感到舒適的加熱墊，注意不要讓兔子啃咬電線。

從地墊下方吹入的空氣容易使腹部著涼。平時可選擇無須通電加熱的布窩。

抗暑用品

鋁板導熱性佳，可適度吸收體溫，達散熱效果，也不用擔心過度降溫。

透過石頭散熱感受自然涼感的大理石墊，但重量很重，請勿擺放於高處。

我對溫度變化很敏感，主人要多留意喲～

▶胸背帶、牽繩

遛兔必備品

無論兔子再怎麼習慣外出，都還是有可能因為聲響受到驚嚇而脫逃，所以外出時一定要使用胸背帶或牽繩，可扣住固定的款式使用上較放心。另外，布製胸背帶好穿脫、質地舒適，可給尚未習慣背帶的兔子使用。

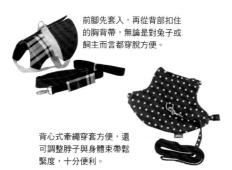

前腳先套入，再從背部扣住的胸背帶，無論是對兔子或飼主而言都穿脫方便。

背心式牽繩穿套方便，還可調整脖子與身體束帶鬆緊度，十分便利。

▶針筒

以備不時之需的照護用品

兔子的腸道必須不斷蠕動，否則體力會逐漸衰退，長時間未進食的話更可能會危及性命，所以當兔子身體不適沒有食慾，或罹患斜頸症無法自行進食時，飼主就必須學會灌食（參照P.151）。建議準備可根據灌食內容物調整口徑大小的針筒。

可依灌食內容物是否為流質或水分，裁剪口徑大小的針筒。

CHECK！

迎接兔子的最後確認！

☐ **基本用品準備好了嗎？**

☐ **需要的食物準備好了嗎？**
詳情參照P.86

☐ **屋內環境整理好了嗎？**
詳情參照P.54

☐ **想好受傷、脫逃的預防對策嗎？**
詳情參照P.70

☐ **找好家庭醫師了嗎？**
詳情參照P.136

準備OK？

籠內配置要點，布置安心的家

配置

兔子大部分的時間都在籠子，請挑選功能性用品，有效利用空間，為兔寶打造一個符合年齡又可放鬆的空間吧。

籠內配置的 Point

1. 準備能讓兔子伸直前後腳的舒適空間

2. 挑選不會對腳底造成負擔的舒適地墊材質

3. 食盆與便盆分開擺放較衛生

依照兔子體型
為牠打造一個舒適的家

　　如果一開始是以兔寶寶的體型來挑選籠子的話，那麼每個籠子的空間看起來都非常充足寬敞。不過，有些兔子長大後，身形可能會變成原先的兩倍，扣除擺放食盆與便盆等必需品的位置後，剩下可活動的空間就會變得非常狹窄了。所以最初挑選籠子時，建議選擇尺寸要夠大的籠子，確保兔子長大後也有充足的生活空間可活動。

　　各位新手飼主不妨參考右頁的基本配置。首先仔細觀察兔子的習性，是總是待在角落呢，還是喜歡來回走動？根據其行為模式與個性，調整物品的擺放和配置，才能讓兔子擁有方便又舒適的空間。不過，若是太常更換配置，反而會讓兔子待在籠內也無法好好放鬆，所以必要時再做變更即可。

Point
籠內配置的
注意事項

● **挑選能夠讓兔子
完全放鬆的大小**
籠內空間要充足，就算擺放了便盆、食盆等生活必需品還是能讓兔子伸長前後腳。理想尺寸至少為長60×寬50×高50cm以上。

● **準備不會對腳底
造成負擔的地墊材質**
籠底若是金屬網材質，那麼網目要小一點。搭配上塑膠或牧草等有彈性的地墊材質，使用上也會更安心。

● **隨著兔子年齡作調整**
有些兔子願意開心地在籠內斜坡或閣樓玩耍，不過變成老兔後，這些也可能變成壓力來源，所以要定期評估配置的實用性喲。

溫溼度計

**管控溫溼度
讓兔子生活舒適**

兔子對溼與熱非常敏感，建議在籠子旁擺放溫溼度計，經常確認，確保溫溼度維持在最佳狀態，才能讓兔兔常保健康。

斜坡

**單邊固定於籠壁上
或擺放於籠子前**

斜坡設置於籠內時可單邊固定在籠壁上以防脫落。若兔子正值成長期或年事已高，則可擺放於籠子前，方便進出。

兔窩

**兔子能安心度過的
舒適空間**

兔子在狹窄、昏暗的空間會感到安心，當然也有兔寶不喜歡或會在裡頭上廁所，這時建議撤掉兔窩。

便盆、便砂

**掌握兔子喜歡在
角落排泄的習性**

兔子習慣在陰影處或角落排泄，所以建議將便盆擺在角落，且至少兩面貼牆。記得挑選擋牆較高的便盆以防尿液噴濺。

牧草盒

**設置於
方便進食的高度**

如果設置的高度不合適，可能會減少兔子食用牧草的意願，所以務必設置在方便進食的高度。當然也要考量飼主補充牧草的方便性。

玩具、啃木

**可直接擺放
或是向下垂吊**

兔子可以透過啃咬紓壓，不妨將玩具或啃木固定在籠內，或者改為向下垂吊。兔子也有可能直接啃咬籠子，所以會建議在四周圍繞啃木。

地墊

**盡量鋪滿
籠內空間**

當地面對兔子腳底帶來負擔時，就有可能造成腳瘡（參照 P.145），所以建議除了便盆外都要鋪放地墊，避免兔子直接踩踏。

尿布墊

鋪在籠底托盤

如果兔子還學不會上廁所，可在籠底托盤鋪放尿布墊。建議挑選符合籠子大小，可整個鋪滿的尿布墊。

飼料盆

**拉開飼料盆和
便盆之間的距離**

飼料盆要擺在離便盆較遠的位置，以防排泄物混入。兔子可能會啃咬打翻，建議挑選陶製或固定式的飼料盆。

飲水器

**擺放在水不會
滴入食盆內位置**

飲水瓶不用擔心糞便掉入，比較衛生。不過有時飲水口可能會滴水，所以要拉開和飼料或牧草的距離。

My House ♪

迎接

如何陪伴兔子度過第一個禮拜？

兔子非常敏感，環境變化可能會導致兔子生病。飼主們要靜靜守護，別造成兔寶多餘的壓力喲。

初次見面應對的 Point

1. 第一天先用布覆蓋籠子，讓兔子安靜度過

2. 除了更換水與食物，不要一直觀察兔子

3. 盡量不要讓兔子出籠，也不要撫摸或抱兔子

靜靜在一旁守候
等兔寶慢慢適應吧

　　迎接兔子時，要盡可能地保持安靜且勿搖晃。建議不要使用紙箱，可用外出包，並蓋布降低亮度。

　　到家後便要立刻將兔子放入籠內，再蓋上布，別讓兔子看見四周環境。這段期間請勿刻意觀察或一直盯著兔子看，請等待兔子習慣新環境。兔子對於環境的變化相當敏感，尤其兔寶寶很容易因為壓力而生病，飼主必須多加留意。

　　有些兔子可能真的無法適應新環境，甚至出現腹瀉、食慾不振等情況。兔寶寶缺乏體力，很容易立刻變虛弱，所以要非常注意。當兔兔出現上述情況時，請立刻前往動物醫院就醫。

Point
不會讓兔子感到害怕的
接觸訣竅

野生兔子在大自然界是會被肉食動物獵捕的對象，所以突然從上方伸出手來會讓兔子感到恐懼，突如其來的動作或太大的聲響也會嚇著兔子。建議摸兔子時要輕柔地出聲，並從兔子看得見的位置慢慢伸出手來。

第1個禮拜的理想模式

接回的當天

放入籠子後
讓兔子安靜度過

接回兔寶前,請先備妥食物與飲用水。回家後立刻讓兔子進籠,並蓋上布。兔子會因為緊張導致興奮,讓人誤以為牠很活潑地來回走動,所以也請不要一直直接觸牠。

第2～3天

更換水或食物時
要出點聲讓兔子知道

兔兔～

兔子狀況稍微穩定後,可以邊出點聲音,邊幫牠換水、換食物或打掃便盆。動作時要注意盡量別發出聲響,以免兔子受到驚嚇。這時要再忍耐一下,先別把兔寶抱出籠或撫摸牠。

第4～6天

試著手餵點心

當兔子熟悉新環境,且看起來不會緊張後,就可以開始慢慢讓牠與人接觸。可以先試著從籠外手餵少量的蔬果。如果兔子還是非常警戒不肯吃,那麼也別勉強,再多給牠一點時間適應。

1個禮拜後

感覺兔子很放鬆的話
可以嘗試讓牠出籠

如果兔子已經不再緊張,就可以試著讓牠出籠看看。兔子的好奇心旺盛,出籠後會開始探險,所以出籠期間目光絕對不可離開兔子。當兔子主動靠近時,飼主可以輕摸頭部,和兔寶互動。

兔子的生活步調

兔子的一天

兔子本是晨昏型動物，白天幾乎都在睡覺。飼主應掌握兔子的生活步調，在不勉強雙方的前提下，打造愉快的互動時光。

步調調整的Point

1. 兔子是晨昏型動物，傍晚會開始變得精力旺盛

2. 飼主無須勉強自己配合兔子的生活步調

3. 訂出餵食與打掃時間

試著讓兔子配合飼主的生活步調

兔子在傍晚到隔天清晨這段期間的活動最為旺盛，屬於晨昏型動物，所以白天時幾乎都在睡覺；到了傍晚，兔子會變得清醒，而且愈晚會愈有精力。有些飼主可能會認為，既然都下定決心要與兔子一起生活了，那麼就應該多花時間陪兔子玩，甚至勉強陪玩到深夜。但是長期持續這樣的生活，飼主難免會累積疲勞，壓力漸增。

雖然兔子多半是在夜晚活動，可是卻不像人類的作息，非得在固定的時間睡覺，或是活動時間得一直保持清醒。再加上兔子的適應能力頗高，只要在合理範圍內，不妨讓兔子配合飼主的生活模式。一開始先訂出照料時間與遊玩時間，有了規律的生活步調後，相信彼此就能共同度過愉快的生活了。

兔兔專欄

兔子的平均壽命有多長？

當兔子還沒被當成寵物時，一般認為的平均壽命是3歲左右。不過目前的平均壽命已可達7歲，若飼主擁有足夠知識，飼養得宜，甚至有許多壽命超過10歲的兔子。既然把兔寶視成家人，當然希望牠能活得長久囉。

兔子的一天

充滿精神 活潑地到處走動　晚上

對兔子而言，深夜相當於人類的大白天，食量也會比白天更大，所以飼料的比例可在白天放少一點、晚上多一些。

早上　會開始犯睏 進入睡眠

當我們起床，開始吃早餐時，兔子會逐漸變睏。吃完早上的飼料後，活動也變得遲緩，接著進入夢鄉。

利用這個時段打掃照料！

明明很想睡卻一直被打擾的話心情會很差，所以打掃照料要趁兔子還充滿精力的時候，建議是在兔子已吃完飯、上完廁所的晚上9點左右。

24

18　1DAY　6

12

傍晚 起床、吃飯 開始玩耍

兔子起床後，會先吃飯，接著有精神地活動。兔子跑來撒嬌時，有可能就是希望飼主陪牠玩。

家裡沒人期間 是兔子的白日夢時光　白天

這段時間兔子除了偶爾吃吃東西、上個廁所，基本上都在睡覺，不過對於聲響還是相當敏感。

教導兔子學會上廁所

如廁訓練

想和兔子共度愉快生活，首先必須教會兔子如廁。
教導時可利用兔子的習性，還要多點耐心喲。

如廁訓練的Point

1. 訓練時，要利用排泄物的氣味

2. 失敗時，要立刻擦拭消除氣味

3. 就算兔子一直學不會也要有耐心，
   千萬別生氣

利用兔子的習性
讓寶貝學會如廁吧

　　兔子天生愛乾淨，習慣在定點排泄，所以如果某一處留有自己排泄物的氣味，就會認定之後都必須在這個地點上廁所。如果兔子為了標記自己的領域或是威嚇他人，而出現噴尿行為時，飼主務必要立刻擦拭乾淨並做好除臭，避免兔子到處排泄。只要好好利用這個習性，就有機會讓兔子學會定點如廁。迎接兔子回家後，要先在籠內或房間的角落訂好廁所的位置，並且好好教導兔寶哪裡是廁所。

　　各位務必記住，剛開始不能要求兔寶做到完美，而是要有耐心地教導。如果因為兔寶失敗而生氣，可是會造成反效果，飼主要依照兔子本身的性格，多方嘗試，才能讓寶貝學會如廁。

發情期或老年後
可能無法定點如廁

　　兔子發情時，地盤領域意識會變強，雖然每隻兔子情況不同，但噴尿行為可能會隨之增加，或是想擴大自己的領域，在不對的地方排泄。當兔子興奮時很容易噴尿，因此會建議先別讓兔子出籠。

　　高齡兔則有可能因為下半身沒力，難以跨越便盆的高低落差，出現亂尿尿的情況。這時可在籠內準備大小適中且不會滑的斜坡，讓兔子能順利如廁。

便盆的高低落差有可能是兔子無法順利定點如廁的原因，這時要做些調整，符合兔子的情況。

① 固定便盆的擺放位置

兔子排泄時毫無防備，所以多半喜歡能放鬆的位置，建議將便盆擺放在籠內或房屋角落，且兩面貼壁。只要能讓兔子安心，就更容易訓練成功。

② 便盆擺入沾有兔尿的物品

把沾有兔尿的面紙或糞便放在便盆網下方，兔子聞到氣味後，就會認定廁所的位置。擺放太久容易飄出臭味，因此建議每天都要更換一次。

③ 做出尿尿的準備動作時將兔子移至便盆

當兔子尾巴上翹、有點慌張地到處聞氣味時，這就表示想上廁所。屁股後推的下個動作就是排尿，所以在這之前必須迅速將兔子移至便盆。

④ 成功時要給予獎勵

兔寶成功如廁後，要記得給予獎勵。可以邊說「你好棒喲！」並給予喜愛的食物，或是撫摸牠，都會有不錯的效果。此外，透過獎勵也能夠建立兔子與飼主間的信任關係。

萬一失敗了……

立刻擦拭並消除氣味

殘留氣味的話，兔子可能又會在相同地方亂尿尿，所以務必充分擦拭，用除臭氣消除氣味。絕對不能因為兔子亂尿尿而責備牠，因為牠永遠無法理解為什麼被罵，只會造成反效果。

別罵我喲……

抓到訣竅，可愛度UP！

超實用的萌兔拍照法

兔子成長快速，還會透過全身表達各種情緒，讓人每天都想按下快門。就讓我們透過相機捕捉每個可愛瞬間吧！

為動不停的兔子
拍出珍貴的瞬間！

現在有許多人都會幫寵物拍照，但應該不少人都曾遇到照片模糊、背景單調、姿勢千篇一律、怎麼拍都拍不漂亮的情況。

想要在最佳時機為寵物拍照，手邊就必須隨時備妥相機。而且兔子總是動來動去很難對焦，因此會建議選用連拍模式，增加照片對到焦且沒有糊掉的機率。

不過有些兔子可能會怕相機，所以在拍照時一定要配合兔子本身的情況，出聲呼喊兔兔，才能一起享受愉快的拍照時光喲。

技巧1
限制活動空間

如果兔子無法定格不動，可放入籃子或箱子中，限制兔子的活動範圍，降低照片模糊，兔子的目光也較容易看向鏡頭。建議準備剛好符合兔子體型的容器。

技巧2
搭配小物拍攝

拍攝時不妨搭配家中雜貨，或準備一些季節性小物。拍照時可以鋪布，讓背景較為單純。只要配上不同的入鏡物品，也能拍出大師級的作品呢。

技巧3
拍出自然模樣

無論是用手洗臉和耳朵、奔跑，還是和其他兔子相互依偎……。只有耐心等待，才能捕捉到兔子的自然模樣，所以拍照時一定要架好相機，還必須沉得住氣喲。

PART 3

基本照顧
與護理知識

接著，讓我們來學習兔子的基本照顧與護理知識。
照護的重點在於必須掌握兔子的習性，
只要照護方式正確且技巧熟練，
主人就能和兔兔愉快地一起生活囉。

清理

籠內用品的清潔事項

想和兔子共度愉快生活，保持環境整潔就非常重要。主人們不妨學會「每天快速整理，偶爾仔細打掃」的高效率清理術。

清理的Point

1. 換水與換飼料時，順便清洗飲水器與飼料盆，才能常保清潔

2. 每天都要檢查籠內環境，清除剩餘食物與排泄物

3. 每週清洗地墊和便盆，籠子則是每月徹底清洗一次

清理要徹底才能有效預防疾病

想要讓兔寶健健康康，清理可是非常重要的工作，因為清理不僅能預防皮膚病、毛球症等疾病，還能藉此確認進食量與排泄物，掌握兔寶的健康狀況。另外，環境骯髒也會對人的健康帶來負面影響，所以務必常保籠內整潔。

話雖如此，兔子卻也是很敏感的動物。如果飼主因為太注重衛生，每天都翻動籠內擺設，努力消除所有氣味的話，反而會讓兔子無法放鬆。各位可先區分出每天該做的清理內容，以及定期執行即可的項目，讓清理作業變得更有效率。每天的清理工作可挑選兔子活動的傍晚時段，花個十分鐘迅速清理完畢，避免讓兔寶感到壓力。

清潔用具分開使用確保衛生品質

想要徹底清潔兔子用品，不同用品就要選擇合適的清潔用具。建議準備多款符合用品形狀的海綿與刷子，增加便利性。食盆則要準備獨立的清潔用具，勿與其他物品混用。

清理頻率

每天
- 洗淨飼料盆、飲水器
- 更換便砂及尿布墊
- 檢查地墊與玩具是否有髒汙

每週
- 飼料盆、飲水器殺菌
- 徹底清洗托盤、地墊

每月
- 拆解籠子徹底清洗

各種籠內用品的清理方式

接下來，就讓我們學會各種用品的清理方式吧。

飼料盆、飲水器

頻率　**每天**清洗、**每週**殺菌1次

餵兔子吃完飯後都要水洗飼料盆，或以餐具用中性清潔劑清洗，並確實晾乾。餵食時務必使用乾淨的飼料盆。飲水器則是在換水時以海綿刷洗乾淨。兩者都必須每週拆解清洗細部，再以漂白水殺菌。陶製食盆則是用熱水消毒。

牧草盆

頻率　**每天**檢查、**每週**清洗1次

補充牧草時，要記得檢查是否有髒汙，發現髒汙時可以用布擦拭。也可以準備2、3個牧草盆，當髒汙明顯時就直接換成乾淨的牧草盆。另外也要每週徹底清洗，確實晾乾。木製牧草盆無須使用清潔劑，水洗後曬乾即可。

每天　　每週1次

便盆

頻率　**每天**更換便砂與尿布墊、**每週**清洗便盆

每天　　每週1次

要每天更換髒掉的便砂或尿布墊。便盆有髒汙時，也要順手擦拭乾淨。便盆每週要以海綿或刷子水洗，並充分曬乾。不過，完全洗掉氣味的話，兔子可能會找不到便盆在哪裡，所以建議更換便砂時，還是要留點有氣味的舊砂，與新砂混合使用。

兔兔專欄

兔尿容易產生尿垢

兔子的便盆有時會附著難以清理的白色汙垢，這是兔尿裡的鈣結晶物，名叫尿垢。兔尿含有大量的鈣，很容易產生尿垢。而尿垢會繁殖細菌、形成氣味，所以必須徹底去除才行，陳年尿垢可使用醋、檸檬酸、尿垢專用清潔劑做清理。

地墊

頻率　每天檢查、每週清洗1次

每天都要檢查地墊是否變髒。發現排泄物痕跡就要立刻擦拭乾淨。如果是難以擦拭的糞便，可先以寵物用刮刀去除汙垢再水洗，等完全曬乾後，即可放回籠內。不妨準備2、3塊地墊，髒掉時就可直接換成乾淨的地墊。

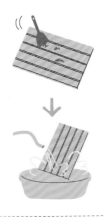

玩具、兔窩

頻率　每天檢查、每月清洗1次

每天檢查是否變髒，若發現小汙垢可直接擦拭。如果沾到糞便或尿液，則是從籠子取出水洗。玩具和兔窩基本上不太容易髒掉，所以在每月1次的大掃除時水洗即可。水洗後要完全曬乾。

> 玩具和兔窩可以趁大掃除的時候一起清洗！

每月1次的大掃除方法

每月都要大掃除1次。容易滋生細菌的換毛期、梅雨、盛夏時期不妨增加次數。

全面清潔籠子

拿出兔籠內的所有用品，拆解籠子後，將每個零件徹底洗淨。使用太多清潔劑或漂白劑的話，可能會完全洗掉氣味，反而讓兔子無法放鬆，所以原則上水洗即可。較頑強的汙垢可以廚房用中性洗劑或嬰兒奶瓶專用的消毒劑清洗。

> 要仔細清洗喔！

打掃籠子時，大幅移動物品可能會讓兔子緊張，建議將兔子移到安全處，以防脫逃或受傷。

❶ 清潔前，
先將兔子移到圍欄或外出包

先將兔子移到鋪有尿布墊的外出包或圍欄中。請勿使用紙箱，因為兔子可能會咬破脫逃。

❷ 拆解籠子
所有零件

拿出兔籠內的所有用品後，即可拆解籠子。零件拆卸後，以寵物用刮刀去除頑強汙垢。

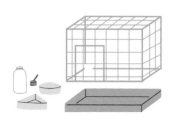

❸ 使用刷子或海綿
沾水清洗

用刷子或海綿將每個零件充分水洗乾淨，邊角、周圍、縫隙等細部可改用小刷子處理。

❹ 擦拭
並充分晾曬

用乾淨的毛巾擦乾水分，放在陽光下曝曬。沒曬乾的話容易滋生細菌，使兔子生病，所以務必完全曬乾。

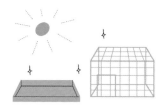

⚠注意

仔細沖洗
木製品勿用清潔劑

要仔細沖洗，避免汙垢殘留。以清潔劑清洗金屬或陶製用品時，徹底沖洗後再用熱水消毒會更保險。如果是木製的用品，無論再怎麼清洗都會殘留清潔劑成分，所以木製品要避免使用清潔劑。

❺ 曬乾後
將兔子放回籠內

籠子與用品曬乾後，重新擺回原本的位置。勿改變配置，便砂則要參雜些許帶氣味的舊砂，讓兔子感到熟悉安心。

五個檢查點，
打造舒適生活空間

環境

兔子對於聲音或氣溫變化非常敏感，所以籠子的擺放位置非常重要。主人要找到能讓兔子放鬆的位置喲。

籠子擺放的 Point

1. 挑選白天不會吵鬧的地點

2. 也要評估日照及通風，才能調節溫溼度

3. 飼養多隻兔子或與其他寵物同住，要避免兔子出現嚴重的圈地行為

尋找家中最合適的 籠子擺放位置

兔子大多數的時間都會在籠內度過，所以擺放位置就很重要。除了要注意溫溼度外，也要仔細評估擺放的位置是否能讓兔子感到放鬆。

兔子原本就屬於被肉食動物獵捕的動物，為了提早察覺危險，對於周遭的聲音及存在物會非常敏感。這樣的習性讓兔子就算身處在安全的室內環境，只要有太大的聲響或有人頻繁進出，都會讓兔子感到不安。再加上兔子同時也是晨昏型動物，習慣夜晚活動，所以白天都在睡覺。考量兔子的身體節律，飼主就應該為牠打造一個白天能夠安靜度過的環境。另外也要注意，若家中同時有寵物貓狗的話，務必分房飼養。

 兔子很不耐溼熱

兔子的汗腺並不發達，只能靠耳內浮起的血管與舌頭幫助散熱，因此一旦環境溫溼度過高、身體無法順利降溫的話，熱就會累積在體內，容易讓兔子出現不適。屋內的溫溼度會對兔子身體狀況帶來即刻的影響，所以籠子需要擺在通風良好、早晚冷熱相近且溫差較小的位置。而在高溫的夏天與低溫的冬天，則可利用空調、加溼器、除溼機來控制屋內的溫溼度。

兔子會感覺 舒服的溫度與溼度

溫度	20～28℃
溼度	40～60%

☑ check 1
帶點日照，通風良好

為了讓兔子擁有良好的身體節律，生活的位置必須白天明亮，晚上昏暗。兔子不能直接照到日光，所以建議挑選通風良好，且不會直射陽光的位置。

☑ check 2
不會直接吹到空調

空調雖能調節室溫，不過直接吹風可能會太冷或太熱，如果太熱甚至會中暑。兔子在籠內無處可躲，非常危險，務必多加留意。

☑ check 3
遠離門口或會發出聲響的物品

兔子的聽力很好，對於聲響以及人的動作非常敏感，所以要避免將籠子擺在玄關、進出頻繁的門邊、電話或電視旁這類兔子無法放鬆的位置。

☑ check 4
遠離危險物品
內容參照P.70～71

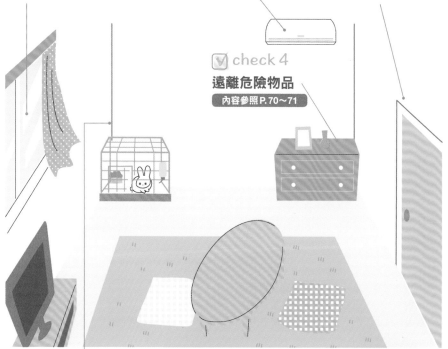

☑ check 5
兩面貼壁

兔子視線範圍廣，所以總是處處留心、充滿警戒。建議可以將籠子擺在屋內角落，讓籠子兩面貼壁，兔子也會比較放鬆。

Point
飼養多隻兔子時

兔子的地盤領域意識強烈，務必一籠一隻分開飼養。如果兔子之間相處得來，那麼籠子可相鄰擺放。但如果出現威嚇行為，就必須分開擺放或夾入隔板擋住彼此的視線。

空間不夠時，可將籠子疊放。

3 基本照顧與護理知識

環境

隨時確認，
排除室內潛在危機

我們的房間裡充滿許多會對兔子造成危害，或可能引起意外的東西，
迎接兔子回家前要記得整理啲。

▶ 預防意外事故的 Point

1. 只要是兔子不能咬的東西，就必須
   包覆保護或從房間移除

2. 思考家具配置，預防兔子跑到高處
   或縫隙中

3. 避免使用會使兔子打滑或容易勾到
   腳的材質

不能給兔子咬的東西
事先都要收拾好

　　為了避免兔子運動量不足，也幫助釋放壓力，每天都必須讓兔子出籠放風。不過，兔子容易受傷或發生意外的地點，也幾乎都集中在室內。不只是出籠玩耍的時候，兔子還有可能意外脫逃，所以平常就要多注意室內擺設。

　　兔子看到任何東西都會上前啃咬，所以像是吃了會危險的東西、會觸電的電線等，都要做好保護措施，避免兔子啃咬。另外，兔子的骨頭很細，容易骨折，因此也要思考如何預防兔子從家具上摔落，或是衝撞家具而受傷。各位可參考右頁「容易發生的意外與預防對策」，重新評估屋內擺設，打造出兔寶能安心活動的空間。

兔子不能咬的
危險物品

✕ **紙類**
報紙、雜誌、衛生紙等，尤其是上光的廣告紙，兔子一旦吃下肚後很難消化，甚至會因此生病。

✕ **橡膠塑膠製品**
會堵塞在胃腸裡。

✕ **香菸**
一旦兔子誤食香菸，就算只有少量也可能危及生命，切勿把香菸擺放在有兔子的房間。

✕ **化妝品、藥物、清潔劑、殺蟲劑**
少量也有可能使兔子中毒，所以要收在兔子觸及不到的地方。

✕ **觀葉植物**
有些觀賞植物甚至會使兔子中毒，應避免擺放風信子、黃金葛、鈴蘭、仙客來等植物。

⚠ 從家具上摔落

只要有地方可踩，兔子可是會一路往高處爬，所以常會不小心從家具摔落，再加上兔子的骨頭脆弱，可能因此骨折甚至半身不遂。要多留意家具擺設，避免兔子有機會往上爬。

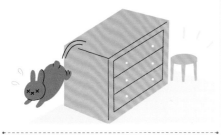

⚠ 咬電線造成觸電

咬電線可能會造成觸電或引起火災，十分危險，所以要將電線固定於高處，或用電線保護套包覆電線，插座也可加裝護蓋，會比較安心。

如果兔子會啃咬家具或柱子

兔子喜歡啃咬木製家具的邊角或柱子，建議邊角可加裝 L 型的金屬包邊做保護。也可以給予玩具，滿足兔子的啃咬欲。另外可以購買市售保護貼，防止兔子抓花牆壁。

保護貼
建議使用透明保護貼，看起來比較乾淨俐落。

⚠ 地毯或木地板造成受傷

趾甲勾住地毯或在木地板滑倒都可能使兔子腿部受傷，所以房間地板要鋪放能讓兔子安全跑跳的材質。

✕ 木地板、捲毛地毯

兔子在木地板上容易打滑，會對腳造成負擔。捲毛地毯則會勾住趾甲，造成危險。

○ 非平滑的軟質地板、短毛地毯

軟質地板的凹凸設計可以避免兔子打滑，安全性高。地毯則需挑選短毛類型，也可使用軟木墊。

⚠ 從陽台摔落或逃走

只要有一點縫隙，兔子就能鑽出去，所以有兔子的房間務必確實關好門窗。

⚠ 鑽入家具縫隙

要讓家具緊貼牆壁，並遮住屋內縫隙，也可在兔子放風玩耍時，用圍欄擋住。

⚠ 誤食人類食物

兔子是草食性動物，許多人類的食物對牠來說都是有害的，所以請勿將食物拿進屋內。

不要吃到桓箱地啦～

一年四季的
照護原則

季節照護

兔子其實不太能適應溫溼度變化明顯的氣候，不過只要主人照顧得宜，兔寶還是能健康地度過一年四季。

不同季節的照顧 Point

1. 依季節調整飼育環境，溫度維持在 20～28℃，溼度介於 40～60%

2. 春、秋換毛季節要多幫兔子理毛，清除籠內掉毛

3. 梅雨季頻繁清掃，注意食物品質，防止細菌滋生

注意溫溼度變化

兔子生性敏感，比較難適應周遭的環境變化，只要有一點風吹草動，都有可能讓兔子生病。

飼主或許會擔心，讓兔寶看守家裡真的沒問題嗎？不過兔子的地盤領域意識強烈，長時間身處吵鬧的環境其實會形成極大壓力，所以只要做好萬全準備，讓兔子看家反而比較不會對牠造成負擔。當兔子的健康狀況良好，同時家中空調設備也能自動調節室內環境溫溼度的話，基本上留兔子自己在家兩天也不成問題。可是，如果看家時間會超過兩天，就必須請朋友或寵物保母幫忙照顧。

處於相同的環境較不會對兔寶造成負擔，但如果無法滿足右頁的看家條件，建議還是將兔寶安置於寵物旅館或動物醫院，飼主才能安心出門。

春、秋　換毛季節，注意掉毛

春秋兩季是兔子的換毛季，會大量掉毛。置之不理的話有可能引起毛球症或其他疾病，必須頻繁地幫兔子理毛，常保籠內清潔。雖然氣溫上相對舒適，但有時溫差變化大，早晚偏冷，所以還是要準備溫控設備。

短毛兔換毛時
也需要每天理毛。

梅雨 做好溼度管理 確保環境衛生

梅雨季節室內會變得潮溼，溼氣會削弱兔子體力，所以要保持通風，當溼度超過60%就要開除溼機或空調。這段期間的食物及飲用水也較容易變質，滋生黴菌或細菌，必須丟棄剩餘食物，頻繁換水及牧草，籠子的大掃除頻率也要增加。

在籠子旁擺放溫溼度計，頻繁確認。

夏 注意熱傷害或中暑！

一旦室溫超過28°C，熱度就會累積在兔子體內，出現程度不一的熱傷害症狀，所以要將籠子擺在通風良好，不會直接照射陽光的位置，飼主外出或夜晚可開空調控溫。

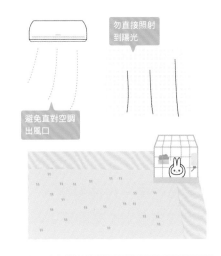

勿直接照射到陽光

避免直對空調出風口

推薦好物
冷感墊

能夠吸收體溫，將熱排出。可鋪放於籠子，當兔子覺得會熱時就能趴在上面降溫。

冬 做好禦寒措施 照顧好兔子的健康

屋內溫度不可低於18°C。開空調時要注意乾燥度，視情況搭配使用加溼器。可在籠子與地板間鋪放板子，或是用紙箱、毯子圍住兔籠，解決風從縫隙吹入或底部寒冷的問題。

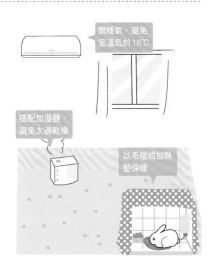

開暖氣，避免室溫低於18°C

搭配加溼器，避免太過乾燥

以毛毯或加熱墊保暖

推薦好物
寵物用加熱墊

加熱墊要擺放在邊角，勿鋪滿整個籠子，這樣兔子覺得太熱時才能換位置。

看家

主人外宿時，兔子的安心看家法

只要養了兔子，飼主就絕對禁止臨時外宿！回老家或外出旅遊時，就必須為兔子事前做好萬全準備。

看家的Point

1. 充分確認兔子的健康狀態是否能夠自己看家

2. 只留兔子在家時，不得超過2天，且須做好室溫及溼度管理

3. 看家天數超過2天時，就要請人照顧或委外安置

怕寂寞的兔子也能看家？
掌握獨自看家2天的原則

　　兔子生性敏感，比較難適應周遭的環境變化，只要有一點風吹草動，都有可能讓兔子生病。

　　飼主或許會擔心，讓兔寶看守家裡真的沒問題嗎？不過兔子的地盤領域意識強烈，長時間身處吵鬧的環境其實會形成極大壓力，所以只要做好萬全準備，讓兔子看家反而比較不會對牠造成負擔。當兔子的健康狀況良好，同時家中空調設備也能自動調節室內環境溫溼度的話，基本上留兔子自己在家兩天也不成問題。可是，如果看家時間會超過兩天，就必須請朋友或寵物保母幫忙照顧。

　　處於相同的環境較不會對兔寶造成負擔，但如果無法滿足右頁的看家條件，建議還是將兔寶安置於寵物旅館或動物醫院，飼主才能安心出門。

兔子自行看家的條件

● 必須是成兔
自行看家的兔子年紀必須介於半年～5歲，幼兔、老兔抵抗力差，稍微有點狀況可能就會生病，非常危險。

● 身體健康
生病的兔子當然不能自行看家，但剛生完病的兔子體力也比較差，狀況可能會突然惡化，所以仍須頻繁觀察狀況。當主人有事必須外出時，將兔子安置他處會比較放心。

● 屋內溫溼度
可自動調適
兔子看家時，室內絕對要能以空調、除溼機或加溼器控制溫溼度。不過，盛夏或嚴冬季節溫度容易出現急遽變化，務必減少留下兔子自行看家。

讓兔子看家時

考量到停電、地震等緊急情況，
事先請託他人協助應對會更安心。

只有兔子看家時

天數　勿超過2天

讓兔子自己在家最長只能2天。除了要準備
充足的食物與水外，放置籠子的房間還必須
開空調、除溼機或加溼器，讓室內維持一定
的溫溼度。不同季節的室溫及溼度調節變化
會有差異，建議要先確認看看才放心。外出
前也別忘了迅速地將籠內打掃乾淨。

請寵物保母或朋友幫忙

天數　2天以上

請對方每天前來家中1次，確認兔子有無異
狀、更換食物與水、處理排泄物和剩餘食
物，協助必要的基本工作。為了避免對兔子
帶來多餘壓力，建議充分告知平常的照顧方
式、兔子的性格，並留個筆記，讓對方來的
時候知道該怎麼做。

CHECK！

兔子看家前的準備作業

☐ **確認安全無虞**
確認籠子是否有關好。若同時飼養貓狗，勿讓
貓狗進入擺放兔籠的房間。

☐ **食物、水**
保險起見，要分放入一天分的飼料與牧草，飲
水器則須裝滿乾淨的水。

☐ **室溫、溼度**
室溫須在20～28℃，溼度則為40～60%。籠
內要有當兔子覺得太冷或太熱時可以躲藏的
空間。

照顧筆記範例
- 平常的吃飯時間與分量
- 打掃方式
- 喜歡的玩耍方式
- 兔子性格
- 常去的醫院住址與電話
- 主人的電話與住宿地點

要先寫好筆記喲！

安置於他處時

要事先確認寵物旅館是否願意接收兔子。

安置於寵物旅館或動物醫院

天數　2天以上

寵物旅館或動物醫院隨時都有人可以照顧兔
子，較讓人放心，不過對兔子而言，環境的
改變卻會造成莫大負擔。飼主們必須先確認
與貓狗的籠子是否分開擺放，以及有無懂兔
子的工作人員，盡量減輕環境對兔子帶來的
壓力。另外，剛開始請先安置1天，再慢慢
拉長天數。

安置時的準備物品

● **平常吃的食物**
準備好兔寶平常吃的牧草、飼料，並告知吃飯
時間與分量。

● **平常用的物品**
兔子使用有自己味道的便盆、食盆和玩具也會
比較安心。

● **照顧筆記**
筆記列出用餐、打掃時間和內容，以及照料方
式、喜歡的玩耍方式等。

護理

兔子的護理技巧

理毛、剪趾甲、清理耳朵與眼睛都是預防兔子生病或受傷不可缺的工作。飼主們務必熟練每個動作，才能掌握兔子的狀態。

▶ 護理的 Point

1. 讓兔子從小適應，習慣被撫摸

2. 使用兔子專用的護理用品，會更有效率

3. 自己較不上手的部分可請求專業人士協助，好好學習護理工作

透過每天的護理
確保兔子身心健康

　　野兔會自己理毛、趾甲也會自然磨短。那麼，為什麼寵物兔就需要給予護理呢？護理兔子主要有兩個目的。

　　首先考量到兔子經過品種改良與環境改變後，較缺乏自我照護的能力，因此飼主給予適當的護理，便能預防兔子生病或是受傷。兔子即使生活在溫度管控的環境下，一整年都還是會掉毛，所以要每天幫兔子理毛，才能預防毛球症或皮膚病。理毛時，還能檢查兔子的眼睛、耳朵與趾甲，並且在第一時間發現異狀。另外一個理毛的目的，則是透過日常護理增加與兔子的親密度。當兔子和人類生活久了，習慣被撫摸，便能與主人建立良好的信賴關係，這些相處訣竅都能讓兔子的精神狀況更加穩定。

兔兔專欄

兔子需要洗澡嗎？

兔子不喜歡弄溼身體，所以幫兔子洗澡會讓牠備感壓力。兔子自己理毛以及主人的理毛護理，其實就能維持皮膚整潔，所以原則上不用洗澡。

可是如果兔子的身體明顯變髒，或屁股沾到糞便，便要針對髒汙處清潔，可用溫水沾溼毛巾並輕輕擦拭。

幫短毛兔理毛

每隻兔子的掉毛量不同
視情況給予護理

原則上，正值換毛期的短毛兔須每天理毛，其他期間則是數天1次。如果兔寶不排斥，亦可天天幫牠理毛。兔子養在室內換毛期較不固定，或是毛較長的短毛兔，都可能出現掉毛較多的情況，甚至引發人類過敏。若兔子不喜歡理毛，建議飼主可以慢慢增加次數，讓兔子逐漸習慣。

為短毛兔理毛的必備用品

橡膠刷
可去除掉毛的軟刷，掉毛的軟刷，兼具按摩效果。

順毛噴劑
能讓汙垢浮現，降低清理難度，還能增加兔毛亮澤度。

針梳
可去除快掉的兔毛，或梳開毛球。

鬃毛刷
鬃毛質地柔軟，兼具按摩效果，並增加兔毛亮澤度。

① 噴順毛噴劑，搓揉兔毛

將兔子抱放於大腿，從額頭朝背部噴水或順毛噴劑，接著搓揉兔毛。

② 使用橡膠刷去除掉毛

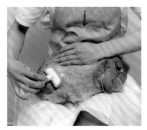

先從背部朝屁股方向順梳，接著再從屁股反方向朝背部梳回，就能梳下掉毛。換毛期要更常幫兔子梳理。

③ 使用針梳去除快掉的兔毛

用針梳順毛梳理。使用梳子時要稍微騰空，別讓梳子尖端碰到兔子皮膚。

Point
針梳握法
握住手把容易施力過度，改用手指輕扣即可。

④ 再用鬃毛刷梳整齊

最後再順著毛流，用鬃毛刷梳理全身。這個動作能促進血液循環，讓兔毛變得光亮，也別忘了梳理額頭及耳朵喲。

幫長毛兔理毛

長毛容易打結
務必要仔細梳理！

　　長毛兔的毛容易打結，形成毛球，所以必須每天仔細理毛。毛量較多的屁股以及移動時會形成摩擦的前後腳都容易起毛球，針對這些部位要花更多心思處理。不過，用力按壓可能會讓兔子感覺疼痛，甚至變得討厭理毛，不擅長理毛的飼主可以尋求專業人士的協助。

為長毛兔理毛的必備用品

防靜電噴霧
兔毛護理時要先噴防靜電噴霧，還兼具保溼效果。

順毛噴劑
能讓污垢浮現，降低清理難度，還能增加兔毛亮澤度。

針梳
可去除快掉的兔毛，或梳開起毛球處。

雙頭排梳
能插入兔毛深處，順利梳開打結的兔毛。

鬃毛刷
鬃毛質地柔軟，兼具按摩效果，並增加兔毛亮澤度。

① 先噴防靜電噴霧

長毛兔會因靜電導致兔毛打結，所以要先噴上防靜電噴霧。噴的時候要用手遮住兔子的眼睛和耳朵。

② 使用雙頭排梳梳開打結處

先粗目，後細目，用排梳依序將打結的兔毛梳開。在梳理屁股時，要稍微壓著兔毛根部，慢慢將打結處梳開。

③ 噴順毛噴劑，　接著使用針梳理毛

噴完後要記得搓揉！

梳開兔毛後，噴上順毛噴劑，充分搓揉，再用針梳從屁股開始梳理，去除掉毛。

④ 再用鬃毛刷梳整齊

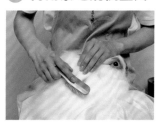

最後再順著毛流，用鬃毛刷將全身梳理整齊，就大功告成。冬天的空氣比較乾燥，可以補噴防靜電噴霧後再梳理喲。

完成♪

剪趾甲

頻率 1～2個月1次

趾甲太長容易受傷

養在室內的寵物兔較少有機會磨短趾甲，較容易長得太長。趾甲太長可能會勾到籠子或地毯導致跌倒，甚至勾斷趾甲，所以每1～2個月就該幫兔子剪趾甲。如果兔子排斥剪趾甲，可以一天剪一趾，讓兔子慢慢習慣。萬一兔子真的非常排斥，強行修剪反而會造成危險，這時建議改由動物醫院或寵物店執行。

剪趾甲的位置

兔子趾甲裡有神經和血管通過，紅色和粉紅色的部分即是血管。因此修剪位置需要離血管2～3mm遠。

CUT

❶ 剪前腳趾甲

將兔子抱放於大腿，用雙膝夾住，固定住兔子。一手按住趾甲根部，將趾甲剪抵住要修剪的位置，剪掉趾甲。

❷ 剪後腳趾甲

讓兔子仰躺固定，逐一修剪趾甲。兔子若會排斥的話，就不要勉強，可改天再嘗試看看。

❸ 使用磨趾棒打磨

剪完趾甲後，可用磨趾棒磨順。若兔子排斥則可省略。

剪趾甲的必備用品

寵物用磨趾棒
修剪趾甲後，可用來將趾甲切面磨順。

寵物用趾甲剪
刀刃的圓弧設計可固定趾甲，推薦較方便使用的剪刀型趾甲剪。

事先準備更安心！

止血粉
萬一不小心剪到血管，塗抹於出血處就能迅速止血。剪趾甲還不夠熟練的飼主可以準備寵物用止血粉，會比較放心喔。

Point

還不熟練的話……

兔子的趾甲很小，較難精準掌握修剪位置，所以還沒習慣修剪以前，建議兩人一組，分別負責固定兔子與幫兔子剪趾甲。剛開始先不用一口氣剪完所有趾甲，要讓兔子能夠慢慢適應。

清理耳朵

定期檢查
耳朵內部有無耳垢

　　兔子耳朵的皮膚薄，很脆弱。太過頻繁清理反而會傷害耳朵，所以只需要在理毛時順便檢查耳朵內部，發現耳垢再以棉花棒擦拭即可。耳朵腫脹或發出惡臭很有可能是疾病造成，務必尋求獸醫師協助。

清理耳朵的必備用品

**寵物用
耳垢清潔劑**
挑選不含酒精、溫和且不刺激的產品。

棉花棒
建議使用寵物用粗棉花棒，以防弄傷耳朵。

❶ 攤開耳朵，檢查耳垢

將兔子抱放於大腿，用兩手輕輕將耳朵往外翻開，檢查有無耳垢或是產生味道。正常的兔耳內側必須呈光滑狀。

❷ 以棉花棒沾耳垢清潔劑去除耳垢

發現汙垢時，用棉花棒沾耳垢清潔劑，輕輕去除汙垢。沒有清潔劑時可直接沾水。

清理眼睛

透過每天檢查
確認眼睛有無異狀

　　兔子理毛時也會自己清掉分泌物，所以眼睛不太容易變髒。當主人察覺兔子有分泌物或眼垢，就代表汙垢多到兔子無法自行清理乾淨，有可能是異常現象，所以看見汙垢時要立刻清理乾淨，並觀察兔子的情況。若很常出現汙垢，則建議尋求獸醫師的協助。

清理眼睛的必備用品

眼睛清洗液
可用來清除跑進眼睛的異物，以及變硬黏住的分泌物。

化妝棉
用來擦拭髒汙，也可以改用面紙代替，準備乾淨的擦拭物即可。

❶ 檢查眼睛有無髒汙

檢查有無分泌物、眼睛周圍是否有髒汙。可將眼皮上下撐開，順便確認眼睛內側是否充血。

❷ 以化妝棉沾取清洗液輕輕擦拭髒汙

化妝棉沾取清洗液，輕輕蓋住髒汙處，稍待片刻後，溫柔拭去汙垢。

兔子身體的祕密

　　寵物兔雖然經過品種改良，仍擁有察覺敵人的銳利聽覺、嗅覺，以及能快速逃跑的腳程，保留著身為野兔時的敏銳感覺及能力。說穿了兔子就是「逃跑」專家，因為體重輕，所以逃得快，骨頭當然是又輕又脆弱。多了解兔子的能力，在照顧上也會非常有幫助。

3

基本照顧與護理知識

眼睛　左右眼的視線範圍可達340度

兔子擁有非常廣的視線範圍，觀察各種動靜，能自我保護，不受外敵攻擊。左右眼視線範圍可達340度，掌握後方情況不成問題，身處暗處同樣看得見物體。不過兔子的視力大約只有0.05，就算距離很近也看不太到，對於顏色的辨識度同樣很差。

耳朵　可以輕易分辨出不同人的腳步聲

兔子會豎直長長的耳朵，前後轉動，接收從四面八方傳來的聲音。兔子聽力非常敏銳，甚至能辨別屋外主人的腳步聲。與立耳兔相比，垂耳或小耳朵的兔子聽力表現較差。

鼻子　擁有約100萬個嗅覺細胞

兔子擁有敏銳的嗅覺。由於視力差，必須靠味道辨別是否為喜愛的牧草？對方是敵人或朋友？另外，兔子會用鼻子留下自己的味道，圈定地盤領域，成為兔子重要的溝通管道。因此請避免使用氣味強烈的香水，影響兔子的嗅覺。

嘴巴　足以分辨約8000種味道

兔子舌頭上分布大量味蕾，能夠分辨味道。兔子的味蕾數量是人類的兩倍，據說能分辨多達8000種的味道。兔子會用味蕾清楚區分出對東西的喜好，卻無法辨別是否有害。

腳　野兔奔跑的時速可達80公里

兔子的後腿肌肉發達，擁有很棒的跳躍力與瞬間爆發力，所以兔子會用後腿做出跳躍式的奔跑動作。使盡全力奔跑的話，時速甚至可達80公里，唯有這樣才能瞬間跳入草叢內，躲避天敵的攻擊。不過，兔子卻無法持續快跑。

養兔前輩親身傳授！

與兔子生活的各種點子

兔子成長快速，還會透過全身表達各種情緒，讓人每天都想按下快門。就讓我們透過相機捕捉每個可愛瞬間吧！

籠子與圍欄

case 1
飼養多隻

疊放籠子減輕兔子壓力

照片為家中飼養3隻兔子的籠子擺放範例。上下擺放兔子就不會看見彼此，這樣就能避免造成多餘壓力。左側是為了斜頸症（參照P.148）的兔子所準備的籠子。

case 3
預防受傷

籠子出入口使用斜坡＋墊材

case 2
合併圍欄

利用大大的空間解決兔子運動不足！

將兩組圍欄跟籠子相接的自製兔窩，兔子能在裡面自由活動。周圍更鋪滿地墊，避免兔子啃咬籠子，造成咬合不正。

兔子放風時會開心地衝出籠子，所以可在籠門加裝斜坡，鋪放墊材，避免兔子進出時受傷，降低衝擊影響。

食物與點心

case 1

大容量的牧草盆

為食慾旺盛的兔子
準備合適的食盆

要整天無限量供應牧草給兔子，因此請準備充足的牧草，讓兔子在主人白天外出時也能隨時有牧草吃。如果容器太小裝不夠讓兔子吃，或主人回家時間可能比較晚，建議可改用像兔窩一樣大的容器放牧草。

case 2

自家種植蔬菜

在陽台種植
無施灑農藥的蔬菜

為了愛蔬菜的兔子準備可以安心食用的蔬菜，養兔前輩在自家陽台種植迷你青江菜。種植難度低，無農藥可讓兔子安心食用。不過生食蔬菜可能會讓兔子腹瀉，注意可別過量囉。

case 3

蔬菜再利用

將多餘的蔬菜
做成蔬菜乾

可以把蔬菜切剩的頭尾部分以及香草茶渣放在曬衣網，曝曬一個禮拜就可以做成蔬菜乾！連同乾燥劑一起放入密封罐裡，就成為兔子的點心了。

case 4

牧草箱

以乾淨垃圾桶作為牧草箱
裝取都方便！

想讓兔寶多吃點牧草，當然就會希望幫兔寶隨時補充又香又新鮮的牧草。這戶人家養了多隻兔子，牧草銷量大，所以選擇有蓋子的垃圾桶當牧草箱，不僅使用方便，裝取上也非常順手。

case 5

自動餵食器

外出也不擔心兔寶餓肚子！

工作忙碌，可能會加班到比較晚的時候，可利用寵物自動餵食器，有些產品還能錄主人的聲音呢。

便盆與預防噴尿

大型便盆

利用籠子做成的 超大型便盆

家中有5隻兔子的飼主共準備了6個便盆,其中一個是將籠網拆掉剩底盤的大型便盆。底盤鋪放尿布墊後再擺上便盆,所以就算兔子沒有瞄準或尿量太多,也不用擔心弄髒周圍。

自製便盆

重複利用牧草盒 改造成寬敞的便盆

這戶人家則是嘗試了各種不同便盆後,乾脆自己用牧草盒改造成獨一無二的便盆。家中兔子喜歡扒玩便砂,所以飼主在便砂上放牧草。據說後來兔子都還滿願意在便盆裡上廁所呢。

遮擋噴尿

以塑膠板加工 預防兔尿噴濺!

這是某位飼主為了解決噴尿問題的點子。用金屬網自製成圍欄,再掛上塑膠板,遮擋兔子噴尿。每天打掃時順便擦拭,就不會留下汙垢喲。

遮擋噴尿

運用尿布墊 吸兔尿!

這位家中養了2隻公兔的飼主是用尿布墊和紙板圍繞籠子周圍,遮擋兔子的噴尿。只要尿布墊髒了直接換掉即可,還不會留下尿味,打掃起來非常輕鬆。

PART 4

兔子的
飲食

會影響兔子健康與否的關鍵，莫過於飲食內容。
最核心的重點就在於必須以牧草為主食，
蔬菜和點心只要少量給予即可。
請飼主務必充分了解兔子所需的營養知識，
並活用在每天的照顧工作上。

飲食

符合各階段的
健康飲食法則

飲食不均會造成咬合不正、消化道阻塞等嚴重疾病,請飼主供應無限量的牧草及定量的飼料。

飲食的Point

1. 以纖維豐富的牧草為主食,並搭配飼料作為營養補充

2. 提供固定飼料量,兔子想再吃也不能多給

3. 依照年齡調整飼料種類與牧草比例

以牧草為主
根據年齡調整飲食內容

　　針對兔子的飲食,飼主務必根據年齡挑選主食的牧草與飼料。牧草可分成兩種,一種是高鈣、高蛋白的豆科牧草,另一種是低鈣低蛋白的禾本科牧草。正值成長期的兔子需要比成兔多一倍的熱量,所以應給予較多的豆科牧草。等到兔子成長至半歲以後,建議改供應全禾本科牧草。

　　此外,飼料也同樣需要依照成長的階段作調整。當兔子處於成長期時,應給予營養成分較高的飼料;半歲起便可以換成低熱量的飼料。而當兔子進入高齡期後,由於新陳代謝會變差,此時就要減少飼料量,或是換成熱量更低的飼料。不過,兔子通常只吃自己熟悉的食物,所以切換種類時要逐量添加到現在吃的飼料當中,讓兔子慢慢習慣。

兔子的飲食

主食 基本食物

● 牧草 → P.88
無限量供應。成長期結束後,需控制豆科牧草量。

● 飼料 → P.88
成長期的飼料量為體重的5～7%,接著要慢慢減量至3%左右。

副食品 獎勵品、點心、營養補充品

● 蔬菜 → P.92
給予黃綠色或高纖蔬菜,應避免鈣含量較高的蔬菜。

● 野草、水果 → P.93
兔子喜歡三葉草、草莓、蘋果等,但要慎選摘野草的地點。

● 其他 → P.94
蔬菜乾或果乾不易腐壞,十分方便。另可給予營養品作為輔助。

符合年齡的飲食重點

斷奶後～6個月

這個階段是打造健康體魄的重要時期。此時需要的熱量是成兔的2倍，所以要提供熱量的豆科牧草為主食，同時搭配成長期專用的飼料。兔子大約經過6個月左右就會長成成兔的體型，這時要開始逐量混入成兔用飼料，讓兔子習慣氣味。

Point
以豆科牧草為主

豆科的苜蓿草營養價值高，非常適合成長期的兔子，但也因為苜蓿草的適口性佳，單獨給予的話會兔子可能會不願意嘗試其他牧草，建議讓兔子從小就習慣食用混有禾本科的牧草。

6個月～1歲

兔子6個月大時就會是成兔體型，這時可以開始切換飲食內容。儘早將成兔飼料1顆、2顆地每天逐量混入，切換會比較順利。豆科牧草對成兔來說熱量太高，所以要減少豆科牧草比例，最晚在1歲前就要完全切換成禾本科牧草。

Point
慢慢換成卡路里較低的禾本科牧草

要慢慢轉換啦！

持續給予成兔高熱量的豆科牧草可能會造成兔子肥胖或結石，所以在幼兔階段就要混入禾本科牧草，變為成兔後再慢慢增加禾本科牧草的比例。

1～5歲

一天給予2～4次定量的飼料，禾本科牧草則是無限量供應。兔子和人類一樣，健康的祕訣是粗茶淡飯。點心也只能給予少量，注意不可過量。兔子過了4歲會變得容易肥胖，若發現體重增加，建議換成低熱量飼料或減量。

Point
給予極少量點心

點心過量會使兔子的牧草食用量變少，甚至造成肥胖。纖維質不足及肥胖是萬病之源，給予獎勵時酌量即可。

5歲～

兔子過了5歲就會慢慢步入高齡期，不僅運動量減少，新陳代謝變差，還容易出現肥胖或結石，這時候飲食管理就變得更加重要。除了要無限量供應禾本科稻草外，飼料也需換成高齡兔專用或低鈣配方，並稍微減少分量。

Point
注意勿攝取過量鈣質

鈣質過量可是會生病的喔！

高齡兔的運動量會減少，若飲食內容不變，就會導致鈣攝取過量，造成結石。建議挑選低鈣配方的飼料。

主食

兔子以牧草為主食

兔子膳食纖維攝取不足可能會造成各種疾病。要讓兔寶健康，飲食就必須以牧草為主，搭配飼料補充營養。

主食的Point

1. 提供無限量的牧草，並搭配定量的飼料

2. 依照成長階段挑選包含所需營養的牧草及飼料

3. 兔子挑食的話，就要找出牠喜歡的種類

牧草搭配飼料的均衡飲食

牧草是維持兔子身體健康所不可或缺的食物，而在所有牧草當中，最為常見的類型分別是豆科的苜蓿草與禾本科的提摩西草。營養豐富的豆科牧草適合成長期或哺乳中的兔子食用；至於成兔則應給予低鈣、低蛋白的高纖禾本科牧草。

兔子必須用臼齒嚼碎牧草中的纖維質，這可是非常重要的過程，因為這個動作能幫助兔子預防咬合不正、毛球症等多種疾病。可是假若餵食過多的飼料，就會造成兔子減少牧草的進食量，所以飼主請留意勿給予超量的飼料。

牧草與飼料就能提供兔子所需的營養，因此點心少量即可。給點心時不妨稍微減少飼料量。

兔子飲食基本內容

● **牧草**
牧草可以全天無限量供應。不過可能會因為潮溼發霉，需定期更換新鮮牧草。

● **飼料**
基本上飼料量為體重的 1.5～3%，一天分 2～4 次供應，依照成長階段，挑選內含所需營養的產品。

● **乾淨的水**
兔子需要大量水分，體重每 1 kg 所需的水量為 50～100 ml。攝取不足會造成結石，夏天更有可能因此中暑。每天要換 2 次水，讓兔子隨時都有乾淨的飲用水。

牧草

分量 只要兔子肯吃都 OK

無限量供應新鮮牧草

剛開封的牧草很香，口感清脆，兔子會很捧場。不過接觸空氣變潮溼後，香氣會變淡，口感也會受影響，這時可以放在太陽下再次曬乾。牧草沾到飲用水或兔尿卻置之不理的話會發霉，所以必須立刻換掉。另外，與乾燥牧草相比，現採牧草較軟，容易入口，且營養價值高，蠻多兔子都非常喜愛現採牧草。當兔子食慾較差時，不妨給予現採牧草。

新鮮的牧草真美味呢～

4
兔子的飲食

如何挑選牧草

成長期的兔子

豆科 苜蓿草、三葉草等

蛋白質與鈣質等營養價值高的豆科牧草非常適合成長期的兔子，較常見的有苜蓿草。三葉草、車前草也都是豆科牧草。豆科牧草的適口性佳，建議勿單獨給予，要讓兔子從小習慣與禾本科牧草混食，日後才能輕鬆切換成全禾本科牧草。

成兔

禾本科 提摩西、果園草等

成兔要給予低鈣低蛋白的禾本科牧草。種類包含常見的提摩西草、果園草、大麥等。提摩西草的收割期可能會影響口感，若口感變差，飼主可換其他廠牌試試。

牧草種類多

現採牧草
雖然比乾燥牧草貴，但營養價值高、適口性佳，若有剩餘可曬成乾燥牧草。

切短牧草
適合不喜歡吃長牧草的兔子，但是香氣容易散掉，保存時要避免接觸空氣。

顆粒牧草
將牧草切剩後壓縮固形而成，用外出包帶兔子外出時，有顆粒牧草就相當方便。

Point

不同收割期的提摩西草

● 一番割
春天至初夏期間收成的提摩西草，梗粗草寬，成分富含纖維。

多 少

● 二番割
夏季尾聲至入秋期間所收成的提摩西草，葉梗偏細，較柔軟，適口性佳。

纖維質 鈣質

● 三番割
入冬時期收成的提摩西草，幾乎都是葉子，非常柔軟。

少 多

89

花點心思讓兔子願意吃牧草

注重鮮度與香氣
偶爾還可做成玩具

這些都是增進食慾的方法喔！

　　主人們都會希望兔子多吃牧草，維持身體健康。不過牧草開封後過段時間香氣就會散掉，較難吸引兔子食用，所以要注意保存方法。有些兔子甚至對牧草完全不感興趣，只吃飼料會缺乏纖維，甚至影響腸胃或牙齒。接著要介紹一些能讓兔子大口吃牧草的點子。

❶ 給予新鮮牧草

大包裝的牧草單價較便宜，不過開封後鮮度會愈來愈差，香氣也跟著變淡。建議保存於密封容器，並儘早使用完畢。牧草放太久會發霉，所以要經常換成新鮮牧草。牧草沾到水或尿液時，也必須立刻換掉。

Fresh!

牧草

clean

❷ 讓兔子邊玩邊吃

將牧草放入垂吊的玩具中，搖啊搖的模樣可以吸引兔子目光，甚至從縫隙咬出牧草食用。也可將牧草綁成辮子，從籠頂往下垂吊。

市面上有許多用來裝牧草的玩具，當兔子不愛吃牧草時，可以搭配各種玩具多方嘗試。

❸ 全天供應，
　 讓兔子想吃就吃

牧草不會有食用過量的問題，只要兔子願意吃，無限量供應也沒關係，請為兔寶準備大量的新鮮牧草吧。若飼主需長時間外出，建議在籠內擺放2個牧草盆。飼料吃太多的話兔子就會不肯吃牧草，所以要控制飼料量。

❹ 曬乾或以
　 微波加熱

從包裝袋取出牧草一段時間後，牧草就會變潮溼，香氣變淡，這時可以曝曬10～20分鐘，或微波個10秒（視機種而定），不用蓋保鮮膜，讓水分蒸發。牧草再次變香後，兔寶也會吃得開心。

chin

飼料

分量 | 體重的1.5～3%（以成兔為例）

依照成長狀況與兔毛長短
挑選合適的飼料

　　根據不同的年齡與兔毛長短，寵物店提供了非常多樣的飼料種類。各位要先確認包裝上標示的營養成分，必須是符合年齡，且富含膳食纖維。軟硬度也可分成兩種，牙根較弱的兔子吃硬質飼料可能會傷害牙根，建議改選軟質飼料。

如何挑選飼料？

依成長狀況

在成長階段要給予高營養價值的飼料。成兔或高齡兔較容易肥胖，必須挑選低熱量、富含膳食纖維的產品。

依兔毛長短

短毛兔的飼料多半為低熱量、低鈣、高纖，有些產品還添加了能促進毛球排出的油脂成分。

CHECK！

飼料的選購重點

☐ **柔軟容易入口**

較有嚼勁的硬質飼料可能會傷到牙根，建議挑選軟質飼料。

☐ **大小適中**

每個產品的大小與形狀都不同，要盡量挑選夠小，兔子才容易進食。

☐ **營養均衡**

挑選富含纖維的產品。蛋白質與鈣含量則須依年齡作調整。

☐ **清楚標示製造日期**

真空包裝的飼料品質還是會隨著時間變差，挑選清楚標示製造資訊的產品才安心。

聰明的飼料餵食法

 每天分2～4次，給予符合年齡與體重的分量

　　突然更換飼料兔子有可能會拒吃，所以接兔子回家時，可請寵物店提供一些兔子目前食用的飼料。主人若想換飼料，必須逐次少量切換。每天分2～4次，定時給予符合體重的飼料量。成兔與高齡兔容易肥胖，務必遵守每隻兔子的可餵食量。

Point

切換飼料時

兔子對食物其實很保守，突然換新飼料的話可能會拒吃，所以要循序漸進，花點時間慢慢切換。剛開始先混入幾顆，接著每天慢慢增加，才能成功。

第1週 ➡ 第2～3週 ➡ 第4週

副食品

副食品的挑選與餵食方法

兔子很喜歡蔬果和野草。牧草與飼料就能提供兔子所需的營養,因此點心或獎勵品少量即可。

副食品的Point

1. 充分掌握哪些東西可以餵食,哪些東西不能餵

2. 控制分量,不可影響到主食的攝取量

3. 可當成訓練時的獎勵,或身體欠安時促進食慾

利用兔子最愛的點心
幫助與兔子的互動交流

對兔子來說,蔬果、野草的適口性佳,因此很適合當成訓練時的獎勵品。迎接兔子回家後,第一次和兔子交流時也可以給予蔬果作為點心,如此一來兔子就會記住「這個人會給我好吃的東西」。

不過,太常給予甜的水果,會導致兔子肥胖,還有可能害牠們不肯吃主食的牧草,所以水果可不能當成平常的點心,而是表現良好時的獎勵。即使要餵食營養補充品,也是少量即可。

除此之外,有些人類吃的蔬果其實對兔子有害,所以主人必須充分掌握哪些東西可以給,哪些東西不能給。儘管兔子很喜歡吃蔬菜,不過牠們無法判別哪些才是安全的,所以飼主一定要多加留意。

應該在什麼時候
餵兔子點心?

食慾不振時
當兔子的腸道停止活動,消化道就會阻塞,使身體變得虛弱,所以在兔子生病期間或病後初癒,身體欠安、缺乏食慾的時候不妨給些點心,促進食慾,讓兔子願意開始進食。

訓練時
當兔子成功如廁、自己回籠、呼喊名字能主動來到主人身旁時,可以給點心作為獎勵。請輕輕撫摸兔寶頭部,給予少量兔寶最愛的點心。

兔子備感壓力時
當兔子從醫院離開、剪趾甲、理毛、被抱之後可能會心情不好,這時不妨給些點心。讓兔子知道「雖然會覺得不舒服,但忍耐一下就可以吃到美食」,主人照顧起來也會更輕鬆。

蔬菜

減少水分含量多的蔬菜 挑選高纖的種類

　　給蔬菜作為獎勵時少量即可，不能影響到主食的進食量。蔬菜可能會殘留農藥，必須充分清洗，瀝乾水分。黃綠色蔬菜營養豐富又高纖，很適合作為點心。淡色蔬菜兔子也愛，不過因為水分較多的關係可能會造成腹瀉，所以不可過量。另外，蔥及馬鈴薯芽會使兔子中毒，絕對不能給兔子食用。

可給兔子食用的蔬菜

- 胡蘿蔔
- 蕪菁葉
- 高麗菜
- 白花椰
- 小松菜
- 巴西利
- 綠花椰
- 芹菜
- 長蒴黃麻
- 青江菜
- 萵苣
- 蘿蔔葉 等

⚠️ **兔子不能吃的蔬菜請參照P.97**

⚠️**注意**

別給鈣含量較高的蔬菜

巴西利、蘿蔔葉、蕪菁葉鈣含量高，要注意餵食量。一旦兔子吃太多這類蔬菜，就很容易罹患在尿道與膀胱形成結石的尿結石。

Ｐｏｉｎｔ

餵食蔬菜的注意事項

① 不可過量

兔子的主食就已經包含了所需營養，如果因為兔子喜歡就一直給予蔬菜，可是會影響牧草的進食量，務必多加留意。不小心給太多蔬菜時，可稍微減少飼料量作調整。

② 減少水分含量多的蔬菜

兔子很喜歡大白菜、萵苣等淡色蔬菜，但這類蔬菜水分多，與黃綠色蔬菜相比，膳食纖維占比較少。過量也容易造成腹瀉，所以務必減少餵食量。

③ 洗淨後瀝乾

葉類蔬菜容易殘留農藥，一定要清洗乾淨。另外，水分攝取過量會造成腹瀉，因此給蔬菜時務必瀝乾水分。

④ 收拾剩餘的蔬菜

新鮮蔬菜容易受損，鮮度較差時還可能吃壞肚子。另外，蔬菜水分有可能滲入地板，導致兔子腳底皮膚炎，所以要立刻收拾吃剩的蔬菜。

野草

分量 些許即可

務必注意！
有些野草吃了會中毒

某些野草（香草）內含有益兔子健康的成分，可調整體質，但請勿因此就大量給予，只需偶爾提供少量或微量即可。

另外，野草種類繁多，要留意某些野草吃了會中毒。如果無法分辨是否有毒的話，就不要擅自餵食。長在路旁的野草可能沾有殺蟲劑、車輛排放廢氣、貓狗排泄物，請勿餵食，建議購買市售產品。

兔子可以吃的野草

- 繁縷
- 三葉草
  （白花三葉草）
- 蒲公英
- 車前草
- 薺草
- 薺菜 等

⚠ **兔子不能吃的食物
請參照P.96**

水果

分量 些許即可

兔子超愛甜甜的水果！
可千萬別過量了

兔子非常愛吃水果，但水果糖分高、熱量也高，可能會造成肥胖或蛀牙，所以一定要注意不可過量。人類雖然可以整口塞進一顆草莓，不過對身體嬌小的兔子而言卻會過量。再者，生活在外的野兔其實並沒有機會吃到水果。一旦餵食過量，還有可能造成消化不良。酪梨等水果吃了甚至會中毒，飼主餵食前必須加以確認。

兔子可以吃的水果

- 草莓
- 蘋果
- 哈密瓜
- 柳橙
- 葡萄 等

⚠ **兔子不能吃的水果
請參照P.97**

Point

餵食水果的注意事項

**① 水果的含糖分高
注意千萬不可過量**

水果適口性佳，糖分卻也頗高，如果讓兔子想吃就吃，牠很可能會變得不愛吃牧草和飼料。水果過量也會造成肥胖、蛀牙、腹瀉，若要給予獎勵時，餵食一小口即可。

**② 餵食前務必削皮
切小塊方便餵食**

水果表皮可能會殘留蠟或農藥，所以請削皮餵食，並切成適當大小再給予，以防過量。兔子身體嬌小，以葡萄來說，給個半顆就很足夠。

蔬果乾、野草乾

分量　些許即可

可當成訓練時的獎勵
或幫助交流互動

　　乾燥食品容易保存，成分經過濃縮後，熱量相
對也較高。果乾的糖分特別高，絕對不可餵食過
量。購買市售品請確認有無添加物或防腐劑。兔
子不會在意食物外觀，所以無需添加色素，也要
避免添加糖的產品。建議餵食蘋果、胡蘿蔔等膳
食纖維較多的蔬果乾。乾燥加工不難，很推薦飼
主自己DIY製作蔬果乾喲。

餵食乾燥食品時……

果乾多半會添加糖，請盡
量挑選無加糖的產品，少
量餵食即可。

蔬菜乾或野草乾的熱量
比果乾低，很適合當成
點心帶出門。

Point

餵食乾燥食品的注意事項

❶ 挑選無加糖產品

水果糖分本來就高，所以要避免挑選加糖產品。內含
太多添加物可能會改變兔子的味覺，當兔子太胖，必
須改吃減肥餐時，甚至會因此拒吃。

❷ 挑選高纖食物

為了兔子的健康著想，點心也要挑選高纖食物。推薦
蘋果、胡蘿蔔、枇杷葉或黃綠色蔬菜。就算是添加蔬
菜粉末的餅乾，只要麵粉含量高就不可給兔子食用。

營養品

分量　視情況給予

健康管理專用
視情況給予少量即可

　　營養品可分成營養液或營養錠。市售營養品種
類多樣，包含了可整腸健胃的乳酸菌、促進乳酸
菌活動的納豆菌。只要主人提供兔子良好的飲食
生活，其實不需要每天給予營養品。建議觀察兔
子健康狀況，適時補充即可。營養品攝取過量也
是會造成身體不適，所以務必遵照建議劑量。兔
子生病或生產後體力會變差，補充維生素類營養
品將有助體力恢復。

餵食營養品時……

市面上售有許多添加了乳酸
菌，可整腸健胃的營養品。
營養液可加在水中讓兔子飲
用。

營養補助食品添加了飼料中缺
乏的營養素，建議給予成長
期、正在生病、病後初癒、生
產前後的兔子。

4
兔子的飲食

95

飲食

絕不能餵食！
危險食物總整理

不能因為看見兔子吃得很開心，就認為餵這些食物沒問題。當中可能會有危害兔子健康的食物，要多加留意。

▶ 危險食物的 Point

1. 蔥、馬鈴薯芽、大蒜會引發中毒

2. 不可給予人類的食物，絕對禁止餅乾糖果

3. 請勿給予放太久的牧草或飼料

飼主務必謹記！
這些東西不能給兔子吃

　　儘管兔子會很開心地食用蔬菜、水果和野草，不過裡頭卻很可能包含了會引起中毒的東西。另外，兔子對於人類的零食也會很感興趣，主人切記絕對不能輕易餵食。像是餅乾、冰淇淋、蛋糕的糖分及脂肪含量都相當高，對兔子來說絕對是高熱量食物，會造成肥胖、麵包、白飯等碳水化合物則是缺乏纖維，吃了可能會使腸內壞菌增加。當然，含咖啡因的咖啡、茶、巧克力，也都不可以隨意餵食兔寶。

　　另一方面，作為兔子主食的牧草或飼料，假若放得太久，不僅風味盡失，甚至發霉，吃了這些變質的食物可能會造成腹瀉。所以開封後必須放入密封容器，存放於陰涼處，並儘早使用完畢。

⚠注意

也要留意野草和觀葉植物！

兔子不會分辨植物有毒還是沒毒，只要放在眼前的一定都吃下肚，所以飼主必須非常小心。像是牽牛花、紅花石蒜、水仙、蕨類等野草對兔子來說都有毒。觀葉植物也蘊藏著許多危險，置於屋內時必須擺在兔子碰不到的位置。萬一兔子誤食，確認植物的種類及誤食量後，要立刻送往動物醫院。

兔子不能吃的危險植物

- 牽牛花
- 馬醉木
- 東北紅豆杉
- 龍葵
- 鉤柱毛茛
- 烏頭
- 日日春
- 三色堇
- 紅花石蒜
- 聖誕紅
- 水仙
- 蕨類 等

兔子不能吃的食物列表

蔬果類

● **蔥類**
大蔥、洋蔥會破壞紅血球，造成血溶性貧血，出現中毒症狀。

● **大蒜**
和蔥類一樣都會引起中毒，出現腹瀉、貧血等症狀。兔子誤食微量就有可能中毒身亡。

● **馬鈴薯的芽或皮**
馬鈴薯芽或皮裡的茄鹼會引起中毒。番茄蒂頭也含有茄鹼。

● **生大豆**
生大豆不好消化，內含血球凝集素，會造成中毒，導致溶血性貧血。納豆菌則是安全的。

● **酪梨**
酪梨內含一種名為 persin 的有毒成分，油脂含量也高，對兔子會造成危險。

● **大黃**
可用來治療便祕，根莖含瀉藥成分，葉子含大量草酸。

人類食物

● **咖啡、茶**
咖啡、茶所含的咖啡因會刺激心臟與中樞神經，引起中毒症狀。

● **巧克力**
可可所含的可可鹼會引起腹瀉、痙攣等中毒症狀。

● **酒精類**
兔子的消化器官沒有能夠分解酒精的酵素，誤食會非常危險。

● **白飯、麵包**
澱粉含量高，會在腸道內異常發酵，切勿給予麵粉製成的食物。

● **人的餐點、餅乾糖果**
內含大量兔子不需要的鹽分和糖分。餅乾糖果會增加腸內壞菌，造成腹瀉或肥胖。

兔兔專欄

兔子不會把吃進去的東西吐出來！

兔子的胃很小，肌肉組織也不發達，就算誤食東西也無法吐出，所以理毛時，如果太多兔毛累積在胃部變硬，將可能造成毛球症。另外，萬一兔子吃下有毒物，出現身體不適症狀時，這些物質會持續停留在體內，直到從糞便排出。無論何者皆攸關性命安全，因此飼主務必留意周圍物品，若兔子誤食，就要立刻送醫才行。

要把對我危險的食物收好喔！

關於兔子的諺語和傳聞

兔子雜學

自古以來便流傳許多和兔子有關的諺語和傳說軼聞，這裡就和各位介紹一些喜歡兔子就務必知道的小知識。

日本諺語

▶兔子爬坡（兎の登り坂）

含義 發揮應有實力，事情進展順利。典故源自兔子後腿非常有力，擅長爬坡。

▶兔子倒立（兎の逆立ち）

含義 被戳到痛處。典故源自兔子倒立時，耳朵拖垂在地上會很痛。

▶兔子睡午覺（兎の昼寝）

含義 輕忽導致失敗，或是指總在睡午覺之人。源自日本民間童謠「龜兔賽跑」。

▶兔子耳朵（兎の耳）

含義 藉兔子聽力非常好的特徵，意指總能打探到八卦或祕密。和日文「地獄耳」的意思相同。

世界傳聞

▶兔子和小學生體型竟然差不多大？

在英國曾發現數隻體長達120～130公分的兔子，體重也都超過20公斤，相當於國小低年級學生的體型！這些兔子的體長是一般兔子的5倍，體重是正常平均值的10倍，可說超乎想像的龐大呢。

▶兔子可以輕鬆跳過輕型車？

兔子運動神經好，相當擅長跳躍。只要加上踩蹬的力量，兔子甚至可以跳高1公尺；搭配加速的話，甚至能跳躍3公尺遠，相當於一台輕型車的車身長度。兔子真是跳遠天才呢！

PART 5

兔子心情解密
&溝通技巧

影響兔子健康與否的關鍵，莫過於飲食內容。
最核心的重點就在於必須以牧草為主食，
蔬菜和點心只要少量給予即可。
請飼主務必充分了解兔子所需的營養知識，
並活用在每天的照顧工作上。

讓兔子也開心的
撫摸技巧

親密接觸

撫摸是與兔子交流的第一步，因此飼主要記住兔子喜歡與討厭被撫摸的位置。

撫摸的 Point

1. 先嘗試兔子喜歡被摸的額頭與背部

2. 記住兔子喜歡的部位和討厭的部位

3. 兔子心情不好或是太興奮時，請勿撫摸

從額頭撫觸
輕輕地順著背部摸去

　　在弱肉強食的大自然裡，兔子是會被肉食動物獵捕的對象，所以天性警戒心很強，地盤領域意識強烈。不僅如此，也有不少兔子其實討厭被摸。

　　但是，如果主人學不會撫摸兔子，就無法做每天例行的健康檢查，或是順利帶兔子上醫院，所以就算兔寶剛開始不喜歡，也要讓牠慢慢適應。

　　首先試著輕輕撫摸兔子最喜歡的額頭與背部。如果兔寶還是非常抵抗，再試著搭配點心持續挑戰看看。當兔寶願意乖乖讓人撫摸時，就要出個聲稱讚牠「好乖喲」。讓兔寶了解到被撫摸是很舒服的一件事，而且還有好事發生（吃點心），那麼接下來的撫摸交流就會變得順利。

撫摸時的注意事項

兔子興奮時請勿撫摸
當兔子興奮時又去撫摸的話，會讓牠認為「這是不舒服的！」所以要等兔子情緒平穩後再撫摸。

把兔子放在不會摔落的低處撫摸
主人撫摸時，有些兔寶可能會突然暴走逃脫，所以請勿站立抱兔子，或在兔子摔落時可能會受傷的地方抱牠。

撫摸邊輕柔地講話
兔子被摸時會緊張，所以主人撫摸時可以輕輕說話，讓兔寶可以安心。重點在於別讓兔子認為被撫摸是不舒服的。

**兔子脫逃時，
不可以抓住腳或尾巴**
兔子脫逃時，有些主人可能會反射性地去抓腳或尾巴。不過這反而會讓兔子有壓力，甚至因此受傷，是非常危險的行為。

兔子喜歡被摸&討厭被摸的位置

◎ 額頭
大多數的兔子都喜歡被摸額頭，可用指尖或手掌稍微施力撫摸雙眼至耳根處。

◎ 耳朵
兔耳會對聲音有反應，經常處於活動狀態，所以也是比較容易疲累的部位。兔子會很喜歡主人用手指輕夾住耳朵按摩。

◎ 背部
較容易撫摸的部位。不妨用手掌從肩膀朝屁股方向，全面性地輕輕撫摸。

Point

讓兔子舒服的摸摸訣竅

大多數的兔子都喜歡被順毛撫摸。讓兔子記住那舒服的感覺，習慣被人撫摸吧。建議可參照 P.130 的兔子按摩法。

5 兔子心情解密&溝通技巧

◎ 鼻子
應該蠻多兔子都喜歡主人用指尖撫摸鼻子上方，也會喜歡主人用手夾住鼻子兩邊。

◎ 臉頰、嘴周圍
臉頰也是摸了會讓兔子舒服的位置，可以用指尖從嘴邊朝臉頰畫圓。

× 腹部
兔子並不喜歡被摸肚子。用力按壓的話會壓迫到兔子胸部，如果真的要摸，施力必須非常輕柔。

△ 屁股、尾巴
兔子不喜歡被摸屁股和尾巴。頂多就是撫摸背部時，最後再稍微用手包覆住屁股。

× 腳
有些兔子被摸腳時，可能會踹人。再加上兔子腿部骨頭脆弱，可別勉強撫摸。

Point

將兔子喜歡的撫摸法與訓練加以結合

只要兔子記住被摸是很舒服的，在訓練時就會更努力，享受努力過後被主人寵愛撫摸的感覺。

親密接觸

給兔子安心的抱抱

學會撫摸後,接著就要挑戰抱兔子。能順利抱起兔子的話,就能享受幸福無比的互動時光了。

抱兔子的Point

1. 在兔子地盤領域之外練習

2. 讓兔子理解到這是一定要學會的事

3. 抱起時不要猶豫,就算兔子掙扎也不能放手

兔子不習慣被抱
要給牠時間慢慢適應

雖然有些兔子喜歡被抱,不過大多數的兔子都不習慣被抱,理由其實和兔子為什麼不喜歡被撫摸一樣(參照P.100)。

可是,生活中有許多事項,飼主必須抱著兔子才能順利完成。如果我們學會怎麼抱兔子,就可以順利地移動兔子,以及確實做到日常的照顧和刷牙等。除此之外,透過每天的抱抱時光也能為兔子做健康檢查。

一開始學習抱兔子時,請遠離籠子,在兔子的地盤之外練習。如果兔子開始掙扎,也不要輕易放開手。要讓兔子記得,即使奮力掙脫飼主也不會就此鬆手;如果兔子知道只要一掙扎飼主就會放棄,那麼日後在抱兔子時,兔子就很有可能因猛力掙脫而不小心摔落,反而導致受傷的危險。

抱兔子的
注意事項

● **要在屁股與腳貼地時
   將兔子抱起**

當兔子屁股或腳騰空時,會以為自己要被捕捉,因此變得不安甚至暴走,所以要確實固定屁股與腳後,再抱起兔子。

● **切勿提起兔耳**

耳朵可以分辨聲音、控制體溫,對兔子來說非常重要,所以也很討厭被抓耳朵。提起兔耳時,腳和屁股就會騰空下垂,和上述情況一樣,這些都會讓兔子留下不好的感受。

基本抱法

先從抱兔子出籠學起，
要穩穩地固定住屁股啦！

❶ 抱出籠

打開籠門，呼喊兔寶名字，輕輕撫摸並說「過來」，讓兔子放鬆。以慣用手撐住兔子腹部，另一手撐住屁股，將兔子抱起。

❷ 完全包覆住屁股

用手包覆屁股，穩穩固定支撐住。只要動作確實沉穩，兔子就會覺得安心。

Point
緊貼身體

迅速抽出撐住腹部的手，將兔子夾在腋下，使其抵靠在胸部。在兔子不會覺得不舒服的前提下，稍微出力讓兔子緊貼身體。如此兔子也會比較放鬆。

兔子抵抗時……

遮住兔子的臉，兔子看不見就會慢慢冷靜下來。如果還不習慣的話，可以趁兔子抵抗前先遮住兔臉。

仰躺抱法

方便用來檢查牙齒或眼睛的姿勢。

❶ 兔子頭朝向人，放在大腿上

和基本抱法一樣，以慣用手撐住腹部，另一手撐住屁股，將兔子抱起。讓兔子的頭朝向主人，並放在大腿上。

❷ 直立抱起

接著將屁股往上推，抱起兔子，讓兔子腹部緊貼著主人身體。慣用手要撐住兔子的脖子。

❸ 緊貼身體，慢慢倒下

主人身體慢慢鞠躬往前倒下，讓兔子仰躺，倒下過程中仍要緊貼著身體。當兔子能順利仰躺後，主人的身體就可以離開。

❹ 夾在腋下

檢查牙齒或眼睛時，將食指插入兩耳間捧著頭部，用腋下夾住身體，固定住兔子。

玩耍

期待的出籠時間，和兔子一起玩耍

兔子整天都待在籠子的話會運動不足，容易變胖，也會累積壓力，所以每天都要讓兔子出籠一次，好好放風玩耍喲。

玩耍的Point

1. 不能讓兔子咬或咬了會發生危險的物品，都要事先收好

2. 每天定時讓兔子放風1次

3. 每次玩耍的時間建議為30分鐘～2小時

一天一回的放風時段
每天固定與兔子互動

　　兔子待在狹窄的籠子裡無法充分運動，而且整天關籠很容易導致肥胖，也可能因為壓力而出現攻擊行為，所以每天可定時讓兔子出籠放風玩耍一次。不過，在放兔子出籠之前，必須仔細確認周圍環境的安全，先將不能被兔子啃咬的物品或觀葉植物移到兔子碰不到的地方。此外，纖維太長的地毯也可能會害兔子勾到，造成趾甲斷裂，因此建議主人鋪放不容易打滑的地墊。最後在玩耍區域準備啃木、兔子隧道，兔寶就會很高興地開始玩樂了。

　　放風玩耍時間也是飼主和兔子加深信賴關係的良好機會，因此當兔子主動靠近時，不妨輕輕地撫摸牠，和兔寶來一段親密接觸的時光吧。

Point
室內玩耍原則

❶ 確認屋內安全
可能會引起中毒的觀葉食物、家電電線、紙類都要移到兔子碰不到的地方。纖維太長的地毯可能會使兔子趾甲斷裂受損。

❷ 玩耍時間為30分鐘～2小時
每隻兔子的情況或許不同，但基本上玩個30分鐘～2小時就會覺得疲累想睡。發現兔寶不太肯動的時候，就要讓牠回籠休息喲。

❸ 每天的玩耍時間盡量固定
如果不固定玩耍時間，只要主人經過時，兔子就會因為想出來玩變得躁動，甚至破壞生活步調，形成壓力。

透過玩耍滿足兔子的本能需求

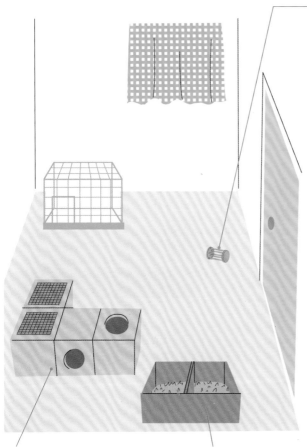

❶ 翻倒、啃咬

兔子好奇心旺盛，對於有興趣的東西會先用鼻尖頂看看，接著啃咬、翻動玩耍，所以要為兔寶準備吃下肚也沒關係的安全玩具喲。

讓兔寶
玩各種啃木！

啃木的材質包含提摩西草、木頭、稻稈，形狀也非常多樣。試著幫兔寶找到牠喜歡的啃木。

❸ 鑽

寵物兔祖先的穴兔會挖掘地洞並居住其中，所以牠們天生非常喜歡陰暗狹窄的環境。為兔寶準備隧道，牠會很開心地鑽來鑽去。

❷ 挖掘

挖掘也是野生穴兔的習性之一，在箱子擺放木屑的話，兔寶可是會很興奮地挖掘。不妨在下方鋪放地墊，事後整理會比較輕鬆。

這些都能讓我
舒壓呢～

105

外出

外出時
的注意事項

不見得每隻兔子都喜歡外出遊玩。如果兔子不喜歡就不要勉強，因為兔寶有可能感到壓力而生病。

外出時的Point

1. 兔子不想出籠或是心情不好時，就別勉強

2. 遵守在公共場所的規矩和禮儀

3. 外出時記得補充水分、確認溫度，做好健康管理

首先請陪伴兔子
習慣短程的外出吧

　　大多數的兔子對於環境變化都非常敏感，飼主要避免直接挑戰遛兔（帶兔子散步），應先為牠穿上胸背帶，放入外出籠外出，到附近走走，以循序漸進的方式讓兔子習慣。基本上兔子都不愛穿胸背帶，當兔寶掙扎時就不要勉強，建議可以重複練習並給予獎勵。

　　兔子習慣在室內穿胸背帶後，就可以試著放入外出籠外出。這時還不要放出來，先讓牠習慣外出時的氛圍。下次外出時可以穿上胸背帶，綁上牽繩，試著讓兔子著地看看。兔寶剛開始可能會緊張到完全不動，請默默地陪伴在旁就好，當牠願意到處走動後，就能開始真正的遛兔囉。

🐰 帶愛兔外出時
一定要使用外出籠

　　外面有車子喇叭聲、貓狗叫聲等很多兔子不曾聽過的聲音，有些兔子可能會因此害怕竄逃。如果是主人抱在手上，兔子掙脫時不慎摔落就會受傷，所以外出時一定要使用外出籠。請選擇符合兔子體型的外出籠，地墊設計能快速清理兔子的排泄物，對兔寶的腳底也較不會造成負擔。

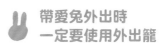

要幫我準備
可以站穩的籠子喔～

頻繁補充水分 時時確認兔子狀況

就算戶外溫度舒適，搭乘交通工具時仍有可能會太熱。外出籠擺在陽光會直射到的位置時，溫度更會不斷升高，務必多加留意。移動途中要多確認外出籠內的溫度和兔子狀況。也可裝入攜帶型飲水器或擺放葉菜，避免兔子水分攝取不足。

可在籠子擺放葉菜類作為水分補充來源

遵守交通機關規定

外出時一定要遵守公共場所應有的禮儀。每種交通工具的規定或許不同，請務必先加以確認。

⚠注意

搭乘交通工具的重點事項

● 電車
搭乘時可能會被視為手提行李另收費用。尖峰時段較難安穩放置外出籠，將會讓兔子感到壓力，應盡量避免。

● 汽車
要確實固定，勿讓外出籠移動。就算車內有開冷氣，還是要注意外出籠不可直接照射到陽光，以防籠內溫度變高。

● 飛機
外出籠不能帶入機艙內，所以完成手續後，就必須交給辦理登機的櫃台。航空公司不會幫忙餵食，主人可以將不會破的容器固定在籠內並擺入牧草及飼料。

移動的途中 務必做好溫度管控

兔子對於氣溫變化很敏感，所以移動途中一定要做好溫度管控。室內外溫差較大的季節可蓋上罩子再外出，做好保護。

夏天可以準備保冷劑或冷凍保特瓶，固定在不會直接接觸到兔子身體的位置。冬天則可準備熱水枕或暖暖包，以相同方式擺放於外出籠。

搭車移動時，車內溫度有可能急遽上升，所以絕對不能把兔子獨自留在車內。夏天容易中暑，甚至危及性命，須非常小心。

外出

走出戶外，一起去遛兔吧

讓我們一起和兔兔去散步！帶兔子散步又稱遛兔，需要萬全的準備。出發前要先確認該準備的物品。

遛兔的Point

1. 請等到出生7個月身體狀況穩定後再遛兔

2. 移動途中務必使用外出籠

3. 讓兔子在外玩耍時，一定要綁牽繩

請為愛兔思考
散步有助於轉換心情嗎？

兔子喜歡挖土，也會對陌生的氣味感到興致勃勃，所以飼主適時地帶愛兔出外溜搭能消除壓力，也能避免運動不足。

雖然感覺兔子會很開心地在草地上跳來蹦去，不過，兔子本身屬於晨昏型動物，對牠們來說白天就相當於人類生理時鐘的深夜。深夜要被帶到陌生的環境裡，可是會成為不小的壓力來源。總而言之，遛兔並非絕對必要的活動，所以建議飼主謹慎評估兔子的性格，切勿勉強兔寶外出。除了生理習性之外，外面環境同樣充滿危險，無論是貓狗、路邊野草、陽光直射，都要非常小心，隨時注意周遭情況。遛兔時務必綁牽繩，以防兔子突然脫逃。

CHECK！

外出的必備品列表

- ☐ 外出籠
- ☐ 飲水瓶
- ☐ 飼料、牧草
- ☐ 胸背帶、牽繩
- ☐ 圍欄
- ☐ 照護用品
- ☐ 寵物用防蟲噴霧
- ☐ 垃圾袋
- ☐ 陽傘

① 穿上胸背帶 做好外出準備

放入外出籠前,要先幫兔寶穿上專用的胸背帶。大多數的兔子都不喜歡穿胸背帶,所以平常就要讓牠慢慢習慣。

② 放入外出籠 直接前往目的地

直接抱著外出的話,兔子掙脫時可能會摔落地面,所以移動途中一定要使用適合兔子體型的外出籠。必要時還需準備寵物用防蟲噴霧。

③ 綁著牽繩讓兔子玩耍

兔子突然聽到聲響可能會脫逃,所以飼主一定要握緊牽繩,目光不可離開兔子。想讓兔寶自由玩耍的話,就要架設圍欄。

④ 補充水分與食物

兔子活動後會口渴,請頻繁給予水分補充。外出時不見得能供應兔子安全且足量的野草,建議還是要隨身攜帶兔子平常吃的飼料。

⑤ 稍微清除汙垢後再回家

擦拭手腳上的汙垢,全身理毛並檢查有無跳蚤或蟎蟲。耳朵內側容易髒掉,可用化妝棉沾溫水輕輕擦拭。

胸背帶穿法

1 擺在大腿上,穿上胸背帶

將兔子擺在大腿,調整背帶長度後,就能讓兔子穿上胸背衣。

2 扣上背帶

依序扣好背部、脖子、身體幾個部位。兔子如果不習慣,可挑選穿過前腳就能直接在背後扣住固定的胸背帶。

3 調整至適當的鬆緊度

太鬆會脫落,太緊又會影響兔子活動,將胸背帶調整至能伸入一根手指的緊度,最後扣上牽繩就大功告成囉。

⚠注意

與愛兔外出時 可能會遇到的危險

● 兔子脫逃
兔子聽到聲響會受到驚嚇脫逃,甚至找不回來。

● 遭其他動物攻擊
除了貓狗,還有可能被烏鴉攻擊,所以要非常注意周遭情況。

● 吃下有害物
要避免兔子吃下農藥、殺蟲劑、貓狗排泄物、有害植物等。

● 帶回寄生蟲
跳蚤、蟎蟲會寄生在兔子身上。檢查兔毛時發現有寄生蟲就要帶兔子去醫院。

● 冷熱變化導致生病
氣溫變化可能也會使兔子生病,建議避免夏天或冬天外出。

搬家或遭遇災害時的因應對策

環境變化

地盤領域意識強烈的兔子對於環境變化十分敏感，遇到搬家、災害等環境大幅改變的情況時，要努力幫兔子減輕壓力唷。

環境變化時的 Point

1. 盡量維持和原本一樣的周遭環境

2. 在籠中擺放沾有兔味的物品

3. 迎接新寵物成員時，要優先顧及老成員。

細微的環境變化
都可能會讓兔子緊張

兔子離開自己的地盤領域後，會變得非常不安。甚至曾有飼主搬入新家後，兔子性格大變，出現攻擊人的行為。

另外，也有可能遇到災害必須在避難所生活，所以飼主要事前做好各種安全準備，以防遇到突發狀況。

迎接新寵物成員回家時，也要優先顧及老成員，以防兔子吃醋。飼養貓狗等肉食動物更須留意，因為對兔子而言，肉食動物就是天敵，只要身處環境看得見肉食動物，就可能會讓兔子有壓力。建議飼主應避免同時飼養其他種類的寵物，或區分出不同寵物的生活空間，讓兔子擁有自己的地盤領域。

 搬家時的注意事項

兔子離開自己的地盤領域就會緊張。這時應盡量維持籠內原有配置，並擺在和原本環境相似的位置。此外，兔子嗅覺敏銳，氣味只要稍稍改變就會感到不安。改變居住環境相當於氣味也會不同，建議在周圍擺放兔子以前喜歡使用，沾有兔味的物品。飼主說說話、摸摸兔子也能讓牠放鬆，搬家時記得要比平常更關心兔寶唷。

我在陌生的環境會不安……

模擬災害的突發情況

就算做好安全對策，準備好避難包，突然遇到災害時仍有可能陷入恐慌，無所適從，所以平時要做模擬練習，才能在災害時迅速反應。

準備可作為簡易居所的硬殼外出籠，並讓兔子平常就進去裡面玩耍，以免抗拒入內。飼主還要事先練習，學會如何在緊急情況時迅速將兔子抱入外出籠。建議家中所有人都要學會怎麼抱兔子。

另外，遇到災害時可能會無法取得飼料，所以會建議讓兔子的飲食盡量多樣化，減少偏食情況。

CHECK！

兔子生活空間的安全對策

- [ ] 勿將籠子擺放在無法讓兔子安穩的位置
- [ ] 鋪放止滑墊或耐震膠墊，固定籠子
- [ ] 蓋布或護罩，以防掉落物或飛散物造成傷害
- [ ] 將容易損壞的食盆換成塑膠製或可固定式

避難後的注意事項

避難後，要多跟兔寶說說話，摸摸牠，餵牠吃喜歡的零食，降低兔子在陌生環境下的壓力。

在避難所會和許多人一起生活，當中可能有對動物過敏或害怕動物的人，這時飼主要多留意，經常打掃，並用布覆蓋外出籠或籠子，以防兔毛飛散。有些避難所甚至禁止寵物入內，所以建議先找好萬一有需要時，居住在其他縣市，能協助暫時安置寵物的親友。

壓力會害我生病喔。

備妥兔子避難包

緊急情況時無法帶太多東西，建議平常就要先整理好必備用品，有狀況時才能迅速避難。

- [ ] 硬殼外出籠
- [ ] 籠子護罩
- [ ] 牧草／飼料
- [ ] 水
- [ ] 牽繩／胸背帶
- [ ] 點心
- [ ] 藥／針筒
- [ ] 姓名牌
- [ ] 尿布墊
- [ ] 護理用品
- [ ] 食盆／飲水器

也有人會將質地柔軟的外出包當成避難包使用！

兔子擾人行為的
有效對策

發情期

兔子的擾人行為有可能出自天性，也可能是壓力所致，所以必須找出原因，耐心解決。

良好的處理法Point

1. 找出為什麼會有問題行為，才能知道該如何解決

2. 切勿嚴厲苛責，避免彼此的互信關係瓦解

3. 要耐心教導，教不會時主人要花點心思

了解兔子舉止背後的原因
積極面對問題行為

噴尿、咬主人……，兔子出現擾人行為有可能出自天性，也可能是壓力導致，原因其實非常多。如果光是斥責，卻不排除原因的話將無法改善，所以務必先找出原因。

像是兔子發情時，可能會出現透過噴尿擴大地盤領域或威嚇行為。這些都是兔子的天性，所以當兔寶處於興奮狀態時，請先將牠留在籠內。飼主也可考慮讓兔子做避孕或結紮手術，改善問題。

當兔子生活步調混亂，可能會認為只要在喜歡的時候胡鬧搗蛋就能出籠放風。甚至因為想出籠而啃咬籠子堅硬的柵欄，導致咬合不正，若有這種情況就要在籠子周圍綑綁啃木，並規定固定的出籠時間，慢慢調整步調後，應該就會漸趨穩定。

另外，兔子不喜歡被抱是因為在大自然裡，

牠們屬於被肉食動物獵捕的對象，認為被抓住＝會被吃掉，所以要先讓兔寶知道，被抱的時候可以放心。

了解兔子出現擾人行為的原因後，才能知道該如何訓練。當兔子怎樣都記不住、無法改善時，主人就要花點心思，想想該如何讓彼此開心愉快地生活。

我出生3～4個月後就會開始有發情期喔。

擾人行為

1

在便盆以外的地方
隨意排泄

理由

→ 想擴大地盤領域範圍

　　兔子發情時，可能會在便盆以外的地方糞便或尿尿，這是兔子為了擴大地盤領域的行為。另外，公兔還會經常出現將尿到處亂噴的噴尿行為。當公兔想威嚇對方也會噴尿，所以若是飼養多隻公兔時，可能會出現噴尿大戰……。不過，這是天性，就算訓練也無法解決，一般來說，兔子出生5個月後進行去勢手術的話將能解決噴尿問題。

對策

殘留的氣味會讓兔子不斷出現噴尿行為，
所以要立刻擦拭乾淨

　　當兔子興奮時很容易噴尿，應暫時留在籠內。不過在籠子裡也可能噴尿，周圍建議擺放擋板或貼上尿布墊，清理時會比較輕鬆。

　　出籠後，如果兔子不小心排泄或是噴尿，必須立刻擦拭乾淨，並噴灑除臭劑，完全消除氣味。一旦味道殘留，兔子就會不斷在該處噴尿甚至大便，認定那裡就是便盆。

　　天性無法用訓練矯正，不過，兔子經過避孕、去勢手術後，地盤領域意識會變得薄弱，噴尿行為減少。飼主不妨諮詢獸醫師，充分了解手術的優缺點，再決定是否要動手術。

● **可評估去勢手術**

公兔會不斷擴大自己的地盤，這是天性。若主人覺得困擾可諮詢獸醫師，評估是否進行去勢手術（參照P.152）。問題可能無法完全解決，兔子本身也有個體差異，不過多少還是能減少這些擾人行為。

變得討厭被抱
或是被理毛

兔子發情時，對於地盤領域的意識會更強烈，甚至認為擅自靠近者都有侵入意圖，所以當主人靠近籠子，想將兔子抱起時，兔子反而會認為主人是要進入自己的地盤領域。如果兔子做出用腳拍踏地面（跺腳）發出聲音的行為，就表示牠處於極為憤怒的狀態，也有可能是想告訴同伴有危險，或是想威嚇對方。這時不僅無法抱起牠，就連要摸牠都會有難度。

→ 想要保護自己的地盤，
拒絕他人入侵

咚！

咚！

對策 ## 護理時要離開兔子的地盤領域，
也可以準備高度較低的平台

主人可能會想要多幫兔寶理毛，不過當兔子發情變得興奮時，在自己的地盤領域其實很難冷靜下來。出現上述情況時，就必須將兔子帶離開籠子、圍欄，移至浴室、廁所等處非地盤領域，給牠一點時間冷靜下來。兔子在陌生的地點多半會恢復成原本的模樣，變得肯讓人抱或是被理毛。如果兔子還是很抗拒被抱，建議可以準備較低的理毛用平台。當兔子能冷靜地待在平台後，再開始理毛。理完毛後，可以給予點心，作為乖乖理完毛後的獎勵。

就算兔子變得躁動，主人也不能停止護理，必須讓兔寶知道，這是必須做的事情。

可挑選較低的平台，這樣在理毛時，就不用擔心兔子跳下受傷。

亂咬籠子

→ 想要主人放牠出來

　　當兔子想引起主人目光、想出籠，或是覺得有壓力，單純想找事做時，就會咬籠子。如果順著兔子的心意讓牠出來，牠就會記住「只要咬籠子就能出來」，行為更變本加厲。甚至誤認為自己的地位比主人更崇高，變成一隻愛耍任性的兔子。

　　如果兔子出籠放風的時間不固定，牠可能會出現無論日夜，只要想出來時就咬籠子的行為。

喀
喀

對策 ## 不能順兔子的意，別理牠，等兔子冷靜下來

　　一旦順了兔子的心意，牠就會記住只要咬籠子就能出來。兔子咬籠的聲音很吵，但也只能不理牠，待其冷靜下來。原則上要固定兔子放風的時間，其他時間必須待在籠子裡。如果兔子不肯停下來，主人可以用力拍打地板，發出像兔子跺腳的聲音，或是發出巨大聲響嚇牠，效果都會不錯。不過，兔子咬扯堅硬籠子的話可能會傷害牙齒，造成咬合不正，所以房內空間足夠時，建議可用圍欄框住籠子，加大兔子的活動範圍，也有機會讓兔子冷靜下來。

　　當兔子用力拉扯的話，擺在地面的籠子會搖晃發出巨大的聲響，若是住在公寓，半夜很可能會變成噪音，建議可在籠子下面鋪放紙箱或厚地墊。

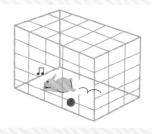

⚠注意

咬籠子的壞習慣
可能造成日後咬合不正

　　一旦兔子養成咬籠的習慣，就很容易咬合不正，所以當兔子開始出現反覆咬籠的情況時，建議可在籠子內側架設啃木作為擋牆，避免兔子直接咬籠。

對人做出騎乘行為

→ 想交配，或想擴大地盤領域，
也有可能只是因為無聊

動物做出想要交配的姿勢稱為「騎乘」，這是繁衍子孫後代的本能，較常見於公兔，不過也會出現在母兔身上。與飼主的上下位階關係中，若寵物想展現自己比較優勢，同樣會出現騎乘行為。當主人置之不理，那麼寵物就真的會認為自己居上位，變得任性不聽話。當然，兔子感到壓力也可能會出現騎乘行為，一旦養成習慣就會變本加厲，所以兔子開始動作時就要立刻制止。

**不要搭理，
給予玩具讓兔子有時間玩樂**

兔子若出現騎乘行為時，可能是想交配、展現自己的優越性，也有可能是玩耍時間不夠壓力累積，或是想吸引飼主目光，但無論理由為什麼，飼主都不能讓兔子對自己做出騎乘行為。因為這樣會讓兔子覺得自己的地位比主人高，甚至不肯讓主人抱或理毛。

感覺兔子準備要騎乘時，如果是朝腳騎乘，主人必須立刻抽離，別理會牠。兔子發現就算騎乘也不被搭理時，可能會冷靜下來。飼主也可以用啃木、隧道等玩具分散注意力，或是給布偶、給點心，讓兔子停止動作。因為想交配而出現騎乘行為是兔子天性，很難透過訓練來改善，這時主人可考慮去勢手術減緩情況。

玩耍時間不夠
的話，我可是
會很無聊的～

變得會咬人

當兔子想要擴大地盤領域變得興奮，或是感到恐懼，以及有壓力時，都會突然咬人，有時甚至只是因為想搗蛋，看人被咬時的反應……。兔子的牙齒銳利，咬合力道也比想像中大，萬一被咬可能會傷勢嚴重。一旦兔子習慣咬人，飼主就無法給予照顧，牠甚至會認為自己的地位比較優越，導致雙方關係變差，所以飼主態度一定要堅決，讓兔子知道誰的地位高。

→ **想要擴大自己的地盤領域，才會出現攻擊行為**

對策 **適時責備並即時管教，以免兔子養成壞習慣**

兔子基本上不會咬人，可是一旦養成這樣的習慣，日後就很難改掉。所以當兔子表現出咬人行為時，飼主務必要在第一時間教導兔子「不可以咬人」。

被咬時必須盡量保持平靜，當飼主露出很痛、很怕的表情時，兔子就會認為自己處於上位。另外，被咬時無論有多痛都不能體罰，因為體罰只會讓彼此關係更趨惡化。

想讓兔子停止咬人，飼主刻意發出巨大聲響是不錯的方法。當兔子出現想咬人的動作時，就用力地拍打地板，也可利用手邊的拖鞋或雜誌。重點是模仿兔子踩腳，讓牠知道主人在生氣。只要耐心地重複這些動作，兔子就會漸漸不再咬人。

大家的作法都不一樣，我該怎麼辦？

● 家人也要記住斥責兔子的方法

如果只有飼主自己一人努力訓練，但其他家人還是會威嚇或體罰兔子的話，兔子可能無法改掉咬人習慣，甚至變本加厲，所以必須讓兔子知道，其他家人的地位都跟主人一樣高。另外，如果做同樣的事情媽媽會生氣，爸爸卻不會生氣，每個人的反應不一，也會讓兔子無所適從。當兔子準備咬人時，家人們都必須態度堅決，拍打地板發出聲響讓兔子知道不能咬人，一起解決問題。

沒懷孕卻開始築巢

→ 出現「假懷孕」

當母兔遭遇騎乘行為，或是身旁有公兔，其實就會排卵，就算沒有成功懷孕，也都會為生產做準備，這樣的行為叫作「假懷孕」。「假懷孕」的母兔乳腺會開始發達腫脹，拔胸部和脖子的兔毛築巢，牠們和懷孕兔一樣，也會變得神經質，討厭被抱、被理毛，甚至對主人做出攻擊行為，這樣的情況大約會持續20天。

發現兔毛要立刻清掉，等兔子慢慢恢復平穩

兔子出現「假懷孕」現象時，會在籠內開始築巢，希望讓兔寶寶有個安心成長的環境。可是兔子一旦誤食拔毛，就很容易引發毛球症，所以只要發現兔子拔毛築巢時，就要讓兔子出籠，將籠內整理乾淨，以防兔寶吃下肚。

不少母兔假懷孕時會變得很神經質，為了保護巢穴，甚至變得具攻擊性，但這都是兔子的天性，無法靠訓練矯正，所以照料除外的其餘時間，都請飼主靜靜在旁觀察即可。

「假懷孕」的症狀約莫20天就會恢復平穩，無須就醫治療。但如果母兔假懷孕次數頻繁，母乳可能會阻塞乳腺，造成負擔，一旦惡化還會引發乳腺炎，產生疼痛。當飼主察覺兔子乳腺腫脹時，就該帶至醫院檢查。

● **可評估避孕手術**

假懷孕雖然不是疾病，但每次築巢都有可能引起毛球症，也會變得容易罹患乳腺炎。若覺得兔子假懷孕次數頻繁，飼主可評估是否要做避孕手術（參照 P.152）。避孕手術也能預防子宮疾病，不過因為是開腹手術，需要全身麻醉。主人可與獸醫師諮詢，了解手術的優缺點後，再謹慎評估是否要執行手術。

兔子當然也會有喜怒哀樂，
讓我們了解家中愛兔的心情，
讓兔寶有個開心的生活吧！

兔兔心情全解說

了解兔子的喜怒哀樂才能營造良好關係情

　　兔子一般總是被認為「沒有表情，不知道究竟在想什麼」、「這麼小應該聽不懂吧」，但其實兔子是情感表現極為豐富的動物。各位可以試著觀察兔子的眼睛，應該不難發現眼睛的閃亮度偶爾會出現變化。因為兔子可是能「眉目傳情」的動物呢。

　　兔子的警戒心強，剛開始迎回家時並不會直接表達出自己的心情。但主人可別因此輕易放棄，只要花點時間，建立起彼此的互信關係，相信兔寶就會透過各種方法和主人溝通交流。

　　主人平時觀察兔子時，不妨多想像「兔寶這個時候在想什麼呢」，會讓人兔生活變得更愉快喲！

Chapter 1

成為兔子喜歡的對象

兔子喜歡什麼樣的人？

♥ 會一直對牠說話的人

比起視覺，兔子反而是用聲音來辨別主人，所以外出、回家、餵飯時可以養成出個聲的習慣。

♥ 願意讓牠聞味道的人

兔子也會靠味道分辨主人。平常可以隔著籠子讓兔寶嗅聞手或臉上的味道，讓兔子放鬆，消除兔子對主人的恐懼。

Chapter 2

了解兔子的個性！

兔兔的行為＆性向測驗

YES → NO --→

START

我家的兔子
頗為挑食

會用力跺腳，
達到自己的目的

糟糕

喜歡被摸，
但討厭被抱

經常尿在
便盆以外的地方

不太容易
被聲音或響聲
嚇到

去醫院時，
會緊張到全身僵硬

僵～

經常對我
或是同居兔子
做出騎乘行為

全世界都繞著本兔旋轉！

女王陛下
類型

性格自由奔放，讓為自己
最偉大的類型。兔子充滿
活力固然很好，但只要有
些許不順心，就會跺腳展
現任性的一面，甚至害主
人受傷。

相處的訣竅

寵兔還是要有其限度，
若太過放縱會讓兔子誤
以為「自己是這個家的
老大」。

我不在時，
就會咬籠子
或焦躁不安

太愛黏人會不會變任性呢？

愛撒嬌
類型

非常喜歡主人，擁有良好
的寵物特質，可是只要主
人不理牠，可能就會立刻
翻臉。不喜歡看家的兔子
多半屬於這一類。

相處的訣竅

不理牠的話可能會讓兔
子累積壓力，所以要每
天陪牠玩，但也不能關
心過頭。

不喜歡
陌生的事物，
對陌生人
也會感到害怕

外面的世界感覺好可怕⋯⋯

膽小鬼
類型

警戒心強、性格沉穩，不
太願意敞開心房。這種兔
子在家是一條龍，外出就
像一條蟲，遛兔反而會造
成壓力，所以無須勉強兔
子外出。

相處的訣竅

要多花點時間互動，讓
兔子意識到「可以相信
這個人」。

Chapter 3

讀懂兔子想傳達的喜怒哀樂

動作篇

了解兔子的心情
一點一滴累積信賴關係

兔子的情緒表現鮮明，會透過各種動作傳達自己的心情，只要理解兔子在想什麼，不僅能加深彼此互動，進而打造更良好的關係。想要完全了解兔子的心情很難，不過努力「去了解」是很重要的。各位不妨每天觀察，試著想像一下兔子在想什麼吧。

開心、放鬆時

垂直蹦跳

兔子直直往上跳代表牠心情超好，是出籠放風時常出現的動作。有些兔子則會左右跳或甩尾跳。

突然狂奔

有些飼主看到時可能會嚇一跳，想說「怎麼會這樣？」不過這是因為兔子開心，情緒激昂，才會突然暴衝。或許牠正想像自己在山裡奔跑呢。

倒在地上躺平

啪地倒地躺平表示兔子很放鬆，有時甚至會直接睜開眼睛睡著。兔子把腿伸直，讓腹部趴貼地面也代表牠正處於放鬆狀態。

打呵欠

我可不是想睡覺喲！

兔子打呵欠並不是想睡覺，而是因為覺得很平靜。打呵欠時還會順便伸懶腰，讓人知道牠其實非常放鬆。看牠這樣打呵欠，反而會讓主人變得想打盹呢。

想撒嬌時

用鼻子輕輕頂飼主的手或腳

當兔子想要有人陪玩時，會用鼻尖輕頂飼主，傳達「陪我玩」的心情。這時就好好地和兔寶玩耍吧。把頭鑽入手的下方也是希望主人能夠陪伴。

舔舔飼主

會舔飼主的手，代表兔子希望被撫摸、有人陪，或是在撒嬌，當然也可能有其他訴求。不過，兔子會舔飼主就意味著牠信任對方。

把頭鑽入手下

兔子把頭鑽入飼主手的下方緊貼住，其實是想傳達「我在撒嬌啦！陪我！」的心情，這時不妨輕摸兔寶的頭部與耳朵。

在腳邊繞八字奔跑

會在最愛的飼主腳邊繞八字跑來跑去。這個看起來很開心的動作，是代表兔子正在邀你「一起玩吧」。另外，當兔子看見點心，拜託主人「快給我吃！」或發情時都可能出現這個動作。兔子會跑很快，可別不小心踩到牠唷。

跟在飼主身後

這個無比可愛的動作，是兔子對主人訴說「還要玩、多陪我！」的情感表現。兔子的步調會很輕盈，相當撒嬌，甚至配合主人的步伐。

憤怒、不開心時

前腳出拳

兔拳可不像貓拳毫無殺傷力，當兔子出拳時，就代表牠其實已經很生氣了。如果更加憤怒時，甚至會用頭衝撞或是咬人，要多加留意。

猛力跺腳

當兔子聽到陌生聲音、有任何不滿，或是想威嚇他人時，都會用後腳跺腳，發出咚！咚！聲來表達自己的情緒。野兔要告訴同伴們有危險，或想威嚇其他公兔時也會跺腳。

警戒、害怕時

暴走

兔子感到恐懼時可能會暴走。小心別讓牠逃跑走失或受傷。

用後腳站立

當兔子用後腳站立，注視著某處動也不動時，就表示牠在確認周遭是否安全，也有可能是帶點戒心的不安表現。

全身僵硬

有些兔子感到害怕時可能會完全不動。當牠全身僵硬時，很有可能正盤算著脫逃的時機。

豎直身體

兔子聽到陌生聲響時，會受到驚嚇充滿戒心，瞬間豎直身體。還可能直接脫逃或躲入狹窄處，主人要注意別讓兔子走失了。

不滿時

咬籠子

代表兔子希望主人陪陪牠，或是出籠放風。當兔子啃籠子發出噪音，主人可能會想要放牠出來，但這時候千萬不能妥協。一旦兔子記住只要吵鬧就能放風的話，可是會養成壞習慣的。

打翻物品

打翻食盆可能代表兔子想要人陪或肚子餓。不過飼主立刻給食物的話，牠就會以為只要打翻食盆就有東西吃，所以這時可不能理牠。

本能的行為

咬東西

會咬東西是兔子的天性，就算教也很難制止，所以請勿將電線等不能被啃咬的物品放在兔子身邊，並另外為兔子準備啃木等替代品。

挖洞

挖洞行為也是源自兔子的天性，要制止有難度，建議主人可鋪放紙箱，避免房內受損，也可以為兔寶準備一個能自由挖掘的空間。

磨蹭下巴

兔子會用下巴磨蹭家具，這個舉動並不是想搔癢，而是想留下記號，圈定勢力範圍。拿到新玩具時，兔子也會留下自己的氣味。

當兔子看見新東西時，會開始留下自己的氣味，這是牠的天性，很難制止。

Chapter 4

讀懂兔子想傳達的喜怒哀樂

表**情**篇

🐰 **看臉就知道兔子在想什麼 這才是稱職的飼主！**

兔子乍看之下面無表情，不過牠的心情好壞可是會表現在臉上喲。尤其是眼睛最容易流露出兔子的心情，各位只要仔細觀察，應該就能分辨出兔子究竟是開心、還是生氣。另外，耳朵、鼻子和嘴巴也都會展現出兔子的情緒，別忘了觀察看看喲。

眼睛

炯炯有神

玩到很開心時，兔子的眼睛就會睜大，變得炯炯有神。就跟人類一樣，感到開心、快樂時，眼睛會很自然地閃閃發亮。

瞇著眼

被摸到很舒服時，兔子就會瞇起眼，甚至閉上眼，呈現出一臉幸福的表情。兔子很悠閒放鬆時，眼皮也會稍微蓋起。

耳朵

往前豎立

兔子擁有一副好耳朵，對聲音非常敏感，聽見奇怪的聲音或察覺危險時，耳朵會豎直並充滿戒心。還能像雷達一樣，讓耳朵轉向聲音來源處。

向後貼背

兔子耳朵往後貼背時，表示牠正處於具攻擊性的狀態。如果還出現兔毛豎起、身體後縮等表現，這時摸牠可能就會被咬，務必小心。

嘴、齒

以臼齒磨出聲

撫摸兔子或幫牠理毛時，可能會發出細微的磨牙聲，表示兔子非常舒服，很放鬆。

以臼齒磨出巨大聲響

用力磨臼齒發出聲音；若感覺聲音非常咬牙切齒的話，表示兔子「好痛，很不舒服」。兔子平常不會發出用力磨牙的聲音，如果發現時必須立刻就醫。

鼻子

規律抽動

兔子嗅覺靈敏，平常鼻子就會抽動，不過放鬆時，抽動的頻率比較緩慢規律。

激烈抽動

兔子興奮時，鼻子抽動速度會變快，變得激烈且次數增加。每分鐘甚至能抽動120次，速度驚人呢！

Chapter 5

讀懂兔子想傳達的喜怒哀樂

叫聲篇

你以為兔子不會叫嗎？這麼想可就大錯特錯喔！

大家會覺得兔子容易飼養，其中一個理由就是「不會叫」，不過牠還是會發出小小的聲音。每隻兔子情況不同，並非全部的兔子都會叫。當兔子鳴叫時，主人可以仔細觀察牠鳴叫前後的狀況，想像兔子在說什麼，思考一下「兔子話」吧。

噗─噗─
（好開心啊）

兔子高興、心情好、開心時，鼻子會發出「噗噗」聲。想要主人陪牠玩時也會發出這樣的聲音。

咘─咘─
（不太高興）

會發出咘─咘─聲音的話，就表示兔子不高興、在生氣。咕─咕─叫也表示兔子在生氣，心臟甚至會發出噗通噗通跳的聲音。

噯─
（好痛啲）

當兔子非常害怕、痛苦時，會發出「噯」、「啡咿啡咿」很高的音調。這就表示情況相當危急，要立刻前往動物醫院。

Chapter 6

讀懂兔子想傳達的喜怒哀樂

尾巴篇

仔細觀察小巧的尾巴察覺兔子內心的動靜吧

兔子那小小又可愛的尾巴是牠的迷人之處。雖然尾巴很短，看不太出在哪裡，不過兔子的尾巴還是會動啲。尾巴當然也能看出兔子的心情，各位不妨仔細觀察。很多資深飼主都表示「不曾看過兔子搖尾巴」，看來搖不搖尾巴還是因兔而異呢。

露出尾巴的內側

兔子感受到危機時，會豎起尾巴，露出內側，讓同伴知道有危險。想要威嚇他人時也會做出這樣的動作，小心別被咬了。

搖尾巴

兔子和狗一樣，當得到最愛的零食、心情好開心的時候會搖尾巴。有些兔子發情時也會搖尾巴啲。

兔子的相處之道 Q&A

解答飼主與兔子互動相處時
常遇到的疑難雜症！

Q 唯獨跟爸爸不親近……

A 試著讓爸爸增加與兔子相處的時間

有可能是因為爸爸與兔子互動的時間比其他家人短。不常接觸的話，兔子當然就需要花較多的時間熟悉。建議爸爸可以在方便的時候為兔寶備餐，主動交流。對了，兔子其實不喜歡菸酒味，如果爸爸有在碰菸酒的話，要先去除氣味，再與兔寶互動喲。

Q 只給家人摸，不給其他人摸

A 不要勉強，直接放棄也是方法之一

兔子本來就是有高低位階的群居動物。面對比自己弱勢的對象會具攻擊性，對兔子而言，平常沒有接觸，家人除外的對象就是「地位比自己低的人」。勉強兔子給這些人摸抱其實都會形成莫大壓力，所以務必多為兔子著想，不要強迫牠。

Q 不知道該怎麼跟兔子玩

A 請找出兔寶喜歡的玩法

兔子玩耍時，其實和牠的天性與習性有很大的相關。舉例來說，兔子們會透過彼此玩耍來決定地位高低，而跳來跳去則能鍛鍊身體，主人不妨思考能刺激兔子天性的遊戲，像是可以將兔子喜歡的玩具藏在不明顯的地方，有些兔子甚至能把玩具找出來給你喲！

Q 要怎麼做才能與兔子感情更好呢？

A 與兔子互動時，要尊重兔子的個性

想和兔子多互動時，建議可將兔子放在大腿，並餵食點心。兔子記住「坐大腿＝吃點心」的話，也會變得比較喜歡被人撫摸。不過，每隻兔子「開心」的事情不一樣，有些兔子喜歡被摸，有些則超級討厭被摸。這時主人也要學會接納兔子既有的個性喲。

Q 為什麼和兔子的關係突然變差了？

A 回顧一下生活環境有沒有什麼變化！

人兔關係破裂絕大多數的原因都是「環境變化」或「恐怖經驗」。來了新兔子、搬家等，飼主要試著思考看看有無對寵物兔環境帶來變化的因素。如果是環境變化因素，基本上都能用時間解決。

另外，也有可能是主人無意間的行為，讓兔子感到害怕。當自己覺得和兔子的感情不再像以往時，可以站在兔子的角度，思考一下自己的行為舉止。務必理解兔子的心情，別讓牠感到恐懼。

和兔子關係變差的 常見原因

增加其他寵物兔成員

與兔子個性不合時，主人可能就會偏心。那麼多了其他寵物兔後，目光當然都會集中在新成員身上，這時原本的兔子當然會吃醋，所以接回新兔子後，無論是餵飯、玩耍、清籠子，絕對都要從原本的兔子先處理。

初…
初次見面
哼！

飼主長時間不在家

原本感情很好的主人因為搬出去住、外出旅行或住院，長時間不在家的話，兔子可能會就此關起心房。不過主人返家時無須刻意討好，只要依照平常模式和牠相處即可，重新享受一下過段時間感情再次變好的歷程。

恐怖經驗

對兔子而言，聽到巨大聲響、不熟悉的聲響，或是被硬帶到陌生人面前時，都會感到害怕，兔子很有可能因此討厭主人，所以各位要多留意，別讓兔子留下恐怖經驗。

搬家

搬家、改變房內擺設，當熟悉的環境變得陌生時，多數的兔子都會感到不安。建議可擺放沾有兔子味道的物品，讓兔實能儘早適應新環境。

兔兔心情全解說

身心靈都超舒暢

試著為兔子按摩吧

兔子習慣被摸和被抱後，主人可以挑戰按摩。朝互動進階篇邁進，好好地療癒一下兔寶吧！

※對步驟內容有疑慮時，請先諮詢獸醫師。
監修：鎌倉元氣動物醫院院長 石野笑／副院長 相澤まな

基本按摩

1 梳毛

像梳子一樣立起手指，輕輕地梳開兔毛。順著毛從臉部朝背部、屁股慢慢梳去。習慣後可以稍微加快速度。

2 推撫

將手掌緊貼住兔子身體，就像是裹住牠一樣。順著毛從臉部朝背部、屁股慢慢撫摸。

3 畫圈按摩

將指腹貼著皮膚畫圈移動。動作要緩慢輕柔，感覺就像在摔皮膚一樣，在全身各處寫「の」字按摩。

4 拉提

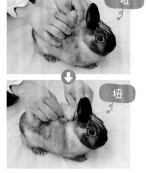

拉

扭

捏著皮膚往上提，能有效刺激到許多穴道。兔子習慣後，還可以邊上提、邊像擰毛巾一樣揉捏皮膚喲。

5 指壓

兔子全身都有穴道，可以用手指按壓刺激。數1、2、3並慢慢加大力道，維持三秒後，再慢慢放開。

按摩小技巧

● **兔子不習慣的話擇一進行即可**
不用做完整套按摩也會有效果，循序漸進，慢慢來即可。

● **隨時注意兔子的反應切勿勉強施行**
兔子不喜歡的話就不要勉強，等過一段時間後再試試。

● **針對受傷或生病的兔子要諮詢獸醫師的意見**
有些按摩動作不適合對病兔進行，要記得向獸醫師確認喲。

● **施展按摩之前別忘了先拿掉戒指首飾**
記得拿掉手指、手腕的飾品，以免刮傷兔子。

全身按摩

1 準備開始的動作

從頭朝脖子、背部、屁股，開始由上往下梳毛，讓兔寶知道主人準備幫牠按摩了。

2 鼻尖～額頭

輕輕指壓鼻子上方後，從鼻子朝頭頂摸去，並左右滑動手指輕推。

3 臉頰

繞圈圈

用食指或食指加中指做畫圓按摩，接著拉提按摩。

4 下巴

捏捏捏

以2～3根手指抵著下巴做揉捏動作。刺激下巴關節還能增進食慾。

5 鼻子

手指抵住鼻子兩側，輕輕指壓按摩，有助鼻子通暢。

6 眼睛

指壓眼頭、眼尾，輕輕揉捏眼睛周圍，對於容易流淚的兔寶來說會很有幫助。

7 耳朵

從耳根　到耳尖

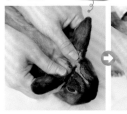

耳朵有許多穴道。指壓完耳根後，可用拇指與食指夾住耳朵，從耳根朝耳尖搓揉按摩。

垂耳兔的按摩法

垂耳品種的兔子耳朵又大又厚，建議可用雙手分次按摩左右耳，並加強容易僵硬的耳朵根部。

8 肚子

往上　往下

以2～3根手指從肚子中間往上、往下繞圈，也可以簡單地往上往下滑動，將有助整腸健胃。

不喜歡被抱的兔子

兔子不習慣被抱或討厭仰躺的話，可以將手伸入肚子下方來按摩。

著地
我會比較
安心啦！

9 肩膀

按啊按

以肩胛骨為中心，從脖子朝肩膀拉提與畫圈按摩，紓緩僵硬。

10 前腳

繞圈圈

用手指捏住前腳，從腿根部朝腳趾畫圈按摩，搓揉舒緩每根趾頭。

11 腰部～屁股

捏捏捏

用手扣住兔子腰部，搓揉按摩。指壓完骨盆與背骨交界處的穴道後，再做推撫動作。

12 後腳

捏啊捏

用手扣住後腿根部，朝腳趾尖方向搓揉紓緩，腳底也要用手指按摩。

13 尾巴

捏捏捏

用拇指與食指夾住尾巴根部，出力搓揉，接著再朝尾巴前端推壓。

14 最後步驟

疲勞
飛走囉♥

最後則是拉提全身，從頭朝屁股方向推撫，即可結束按摩。

疾病與受傷的
預防對策

兔子的身體嬌小，一點小小的意外可能就會奪走牠的生命。
也只有主人能夠保護兔子，讓牠遠離生病受傷的威脅。
接下來，就讓我們正確了解兔子的身體結構，
以及兔子常見的疾病與症狀，
遇到突發狀況時沉著應對，不要驚慌喲。

養成每天為兔子健康檢查的好習慣

健康檢查

如果每天都能抱抱兔子，與牠互動的話，不僅能立刻察覺異狀，還能儘早發現疾病，建議飼主養成習慣。

保持健康的 Point

1. 每天身體檢查不可少

2. 確認大小便與行為狀態

3. 有疑慮時立刻諮詢獸醫師

每天幫兔子檢查身體
別疏忽生病的徵兆

兔子習慣隱藏身體不適，如果看起來已經非常虛弱，那麼即使給予治療也可能為時已晚。因此平常飼主要養成仔細觀察的習慣，只要察覺任何細微變化，就能及早治療，還能降低對身體的負擔、縮短治療時間，並減少花費，所以每天的身體檢查不僅能和兔子親密接觸，更是察覺異狀最有效的方法。請飼主摸摸兔子的身體，檢查看看有沒有不一樣的地方。

另外，從每天的食慾與大小便，也能看得出身體狀況。其中，糞便是最容易判別的指標，如果糞便呈現顆粒相連的模樣，就表示兔子吞入大量的毛；如果顆粒有變小，則有可能是腸胃不適或纖維質攝取不足，必須及早應對。

身體檢查以外的注意項目

行為舉止
- 走路、奔跑方式是否和平常一樣？
- 會不會打噴嚏或咳嗽？
- 耳朵或身體是否會癢？
- 是否發出不曾聽過的叫聲？

飲食
- 走飲水量是否和平常一樣？
- 食慾有沒有改變？
- 進食時間是否一樣？
- 有無進食困難的情況？

排泄
- 糞便狀態有沒有改變？
- 尿液顏色是否異常？
- 是否在相同地點排泄？
- 有無排泄困難的情況？

每天的健康檢查項目

眼睛

- 有沒有分泌物或流眼淚？
- 眼睛能夠正常睜開，還是睜不太開？
- 眼睛是否白濁？
- 眼皮有無腫脹？

耳朵

- 是否會癢？
- 會用力甩耳朵嗎？
- 耳垢的狀況是否正常？
- 有無異味？

嘴、鼻

- 牙齒是否過長？
- 會不會流口水？
- 有沒有流鼻水？
- 鼻子周圍是否保持乾淨？

屁股、肚子

- 沒有分泌物或流眼淚？
- 有無尿垢？
- 肚子是否有出現脹氣？

前後腳

- 有無掉毛？
- 趾甲是否長得過長？
- 腳跟有無出現腫脹？
- 是否非常討厭被主人摸？

也要定期幫我量體重喲～

6
疾病與受傷的預防對策

為兔子尋找
可信賴的家庭醫師

尋找獸醫師

為了兔子的健康著想，能有一位主治醫師來幫兔子定期健檢會比較安心。建議各位趕快找到懂兔子的獸醫師。

尋覓好醫師的 Point

1. 查看醫院的網站，確認是否有幫兔子看診

2. 先試著帶兔子前往幾間醫院剪趾甲

3. 向周遭住戶探聽醫院的評價

有熟識的主治醫師
安心守護愛兔的成長

動物醫院分很多種類型，有些只看貓狗，有些就算能看兔子，卻也只能提供基本的治療。等到發現兔子情況不對才開始慌張尋找醫院的話，要找到一間可信任的醫院必須花費很多時間；萬一病況危急時，兔子可能會因此回天乏術。所以開始養兔子後，不妨用健檢、剪趾甲等理由，實際帶兔子前往幾間醫院看看吧。

首先，要透過電話確認醫院是否有幫兔子看診。如果是了解兔子的醫生，看診時甚至能針對飲食、生活環境，以及應注意的症狀給予指導，甚至親切地解答飼主的不安與疑難雜症。所以當各位帶兔子初診時，不妨積極地提問，確認是否能安心地將心愛的兔子交付給這間醫院。

此外，兔子在陌生環境容易暴走，甚至會跳下診療台。如果醫院人員在兔子暴走時都能予以保定（也就是抓抱住兔子，使兔子保持穩定），確保安全；或是當兔子失控時，能將牠放至地面看診。這些都能讓飼主更感到安心。

❶ 擁有豐富的兔子知識

住家附近有兔子專科醫生的話，不妨找個時間去看看。如果醫院建議為兔子做避孕、去勢手術，讓牠能更長壽的話，代表這間醫院懂不少兔子疾病的知識。即便專科醫生距離住家較遠，飼主應該還是會想給專門的醫生看診，但若情況危急，對兔子來說長距離的移動反而會造成負擔，甚至使病況惡化，所以飼主可以考慮在住家附近找一間願意先做點緊急處置的動物醫院。

❷ 提供非看診時間的診療

幼兔和老兔身體狀況很容易急轉直下，醫生自己開業的個人診所較難提供24小時全時段門診，但如果能告知情況危急時的聯絡方式，或其他能看診的醫院資訊，飼主也會比較安心。夜診收費可能不太一樣，建議要事先詢問。

❸ 願意給予飼養方面的建議

請確認醫生是否能站在常保兔子健康與預防疾病的角度，給予主人包含飼育環境、飼養方法的建言，甚至願意傾聽飼主的疑難雜症。

❹ 收費透明

看診項目的收費金額是否合理，也會影響對獸醫師的信任度，所以事前一定要確認相關明細。

CHECK！

前往醫院的注意事項

☐ **確認看診時間與休診日**

☐ **打電話後再前往醫院**

☐ **準備排泄物，有助醫生診斷**

☐ **照顧者要同行**

☐ **先準備好要說什麼**

要靠主人的機警才能度過危機啊！

6

疾病與受傷的預防對策

137

疾病徵兆

兔子常見的疾病徵兆一覽表

當兔子出現一些不太舒服的症狀時，多半能預測可能罹患哪些疾病。只要發現兔子和平常不一樣，就該立刻送醫，以免憾事發生。

眼睛
- 有分泌物 ┐→ 結膜炎 ···· p.140
- 流眼淚 ┘→ 角膜炎 ···· p.140
- 變混濁 → 白內障 ···· p.140

鼻子
- 流鼻水 → 鼻炎（呼吸道感染） ···· p.143
- 呼吸困難 → 肺炎 ···· p.143
  - → 胸水 ···· p.144
  - → 中暑 ···· p.149
- 乾燥 → 兔梅毒 ···· p.147

嘴巴
- 流口水 ┐→ 咬合不正 ···· p.141
- 進食模樣不正常 ┘

耳朵
- 抓耳朵 → 溼性皮膚炎 ···· p.144
- 異臭 ┐→ 外耳炎（耳疥蟲） ···· p.144
- 耳垢多 ┘

毛、皮膚
- 掉毛，毛量稀疏 → 溼性皮膚炎 ···· p.144
- 全身發癢 ┐→ 蟎蟲感染 ···· p.145
- 皮屑 ┘
- 粉瘤 ┐→ 皮膚膿瘡 ···· p.145
  └→ 腫瘤 ···· p.148

腳	拖行	→ 骨折、脫臼	⋯⋯ p.149
	後腳無力		
	趾甲斷裂	→ 受傷	
	腳底掉毛	→ 腳瘡	⋯⋯ p.145

糞便	顆粒變小	→ 消化道阻塞（毛球症）	⋯⋯ p.142
	便祕		
	軟便或水便	→ 球蟲病	⋯⋯ p.142
		→ 腹瀉	⋯⋯ p.141

尿液	尿量遽減或遽增	→ 腎衰竭	⋯⋯ p.146
	頻繁排尿	→ 膀胱炎	⋯⋯ p.146
		→ 尿結石	⋯⋯ p.146
	尿不出來		
	顏色異常	→ 膀胱炎	⋯⋯ p.146
		→ 子宮、卵巢疾病	⋯⋯ p.147

肚子	鼓脹	→ 消化道阻塞（毛球症）	⋯⋯ p.142
		→ 子宮、卵巢疾病	⋯⋯ p.147

行為

有食慾，但進食困難	→ 咬合不正	⋯⋯ p.141
食慾不振	→ 消化道阻塞（毛球症）	⋯⋯ p.142
脖子歪斜	→ 斜頸症	⋯⋯ p.148
打噴嚏	→ 鼻炎（呼吸道感染）	⋯⋯ p.143

6

疾病與受傷的預防對策

認識兔子常見的
疾病與症狀

兔子疾病

多了解兔子容易罹患的疾病，才有機會及早發現。飼主要仔細觀察，
一旦出現可疑症狀就要送醫。

眼睛疾病

結膜炎、角膜炎

症狀、原因

結膜炎、角膜炎的主要症狀為結膜充血、流眼淚、淚水白濁、分泌物增加。結膜炎的起因包含了感染巴氏桿菌、咬合不正壓迫到鼻淚管的內在因素，以及灰塵、睫毛倒插、排泄物氣味嗆鼻等外在因素。角膜炎則有可能是異物混入、趾甲抓傷眼睛表面或乾眼症所引起。

對策治療

經常打掃生活空間，常保環境整潔。發病時要就診釐清原因，給予抗生素眼藥水治療。若是咬合不正等其他病因，也須釐清原因後予以治療。

白內障

症狀、原因

水晶體是由蛋白質與水組成。白內障會使水晶體的蛋白質變性，導致視力變差。即便初期只有部分是混濁的白色，但症狀若持續擴散到整個水晶體的話，就有可能失明。白內障常見於高齡兔身上，不過，外傷、糖尿病、兔腦炎微孢子蟲（※）寄生、遺傳也都有可能使年輕兔子罹患白內障，因此患有先天性白內障的兔子不適合繁殖。

對策治療

水晶體變混濁是不可逆的，察覺症狀後要儘早就醫接受治療，抑制病情惡化。如果病因是高血糖或感染兔腦炎微孢子蟲，則須展開治療。維生素E能預防眼睛老化，不妨給予兔子專用的營養品。

痛到都
流淚了……

※ 兔腦炎微孢子蟲（Encephalitozoon cuniculi）……
一種寄生蟲，這種蟲寄生腦部或腎臟所引發的疾病，
稱為兔腦炎微孢子蟲症（或稱Ez症）。

牙齒疾病

咬合不正

症狀、原因

原因包含了臼齒（後排牙齒）磨碎食物的動作不足、牙根鬆弛導致牙齒排列異常、鈣質代謝異常，經常啃咬籠子也會造成咬合不正。經常磨牙、口水沾溼下巴、前腳內側的毛因為抹掉口水而變得乾硬、流眼淚、糞便顆粒變小等都是咬合不正會有的症狀。當臼齒變長，傷及牙肉或口腔，兔子也會因為疼痛導致食慾不振。

對策治療

既然必須磨損掉臼齒，平常就要以高纖的牧草為主食。一旦出現咬合不正，就要用專門工具剪牙或磨牙。口腔有傷口的話要給予抗生素，若還發生因為食慾不振導致消化道阻塞（參照P.142）的話，則可給予促進腸胃蠕動的藥物。

**咬合不正
會引起的疾病**

　一旦咬合不正，兔子餘生都必須接受磨牙治療，併發疾病的風險也會增加。口腔受傷的話，會引起細菌感染，壓迫到鼻淚管時，就會罹患結膜炎。不僅如此，當眼淚、口水長時間沾溼兔毛及皮膚，也可能導致皮膚炎。咬合不正使消化道阻塞的話，食慾不振會降低腸胃蠕動，甚至引發重症，所以要定期為兔子檢查牙齒。

消化道疾病

腹瀉

症狀、原因

兔子會持續拉出咖啡色水便，食慾也會變差。主因包含了球蟲病（參照P.142）、腸道發炎、壓力，若症狀沒改善，不僅會併發脫水及失溫，兔子還有可能蜷縮成一團不動，甚至因為疼痛開始磨牙。

對策治療

讓兔子適度運動，維持整潔的生活環境，避免形成壓力，並給予高纖飲食。幼兔及老兔腹瀉可能會危及性命，必須即刻送醫，掌握病因為什麼。醫師會針對症狀開立乳酸菌或抗生素。必要時飼主還須灌食（※），以防脫水或是消化道阻塞（參照P.142）。

門牙（前排牙齒）嚴重咬合不正的案例，牙齒太長會傷到周圍皮膚。

6
疾病與受傷的預防對策

※灌食……強制給予流質食物，詳情參照P.151。

消化道阻塞（毛球症）

症狀、原因

主因為纖維質不足、澱粉攝取過量、吞入兔毛導致腸胃蠕動變差。剛開始會出現食慾不振、糞便顆粒變小、糞便帶黏膜液等症狀，還會有蜷縮成一團不動、磨牙、腹部脹大卻排斥被摸等舉動。

兔子吞毛導致腸胃蠕動變差又稱作「毛球症」，不過誤食壁紙等其他諸多原因也可能引起腸胃蠕動變差。因為某些原因，使得腸胃蠕動變差時，皆統稱為「消化道阻塞」。

對策治療

平常就要給予大量的高纖牧草。一旦澱粉攝取過量，腸內就會產生氣體，建議須控制澱粉量。消化道阻塞輕症可投藥改善，變嚴重的話可能就要進行外科手術。在尚未釐清原因前，務必控制飲食及飲水量。

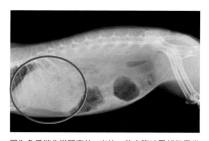

圖為兔子消化道阻塞的X光片。若空腹時胃部仍異常脹大，就表示有消化道阻塞的情況。黑色的部分是阻塞所累積的氣體。

兔兔專欄

想預防毛球症就要理毛

就算吃下異物，兔子也不會吐出來，除了每天注意飲食外，還要經常梳理，去除掉毛，以免兔兔吃下肚。壓力可能也會使腸胃蠕動變差，所以務必提供兔子一個能放鬆的生活空間。此外，適度運動不僅能紓壓，還有助腸道蠕動喲。

正確理毛法請參照P.76

球蟲病

症狀、原因

腸道寄生原蟲，會出現腹瀉、食慾不振、體重下降等症狀。有些兔子感染後甚至毫無症狀，一旦幼兔感染，很有可能急速惡化最終死亡。

對策治療

一旦原蟲寄生於體內，會隨著糞便排出卵囊，兔子吃了糞便後，又會重新回到體內成長，在這樣的惡性循環下，寄生蟲就會一直留在兔子的體內。建議看診時順便攜帶檢查用的糞便。檢查後若發現有卵囊的話，醫師就會配合寄生蟲的繁殖週期，投藥除蟲。家中的便盆也要每天清理，才能預防二次感染。

呼吸道疾病

鼻炎（呼吸道感染）

症狀、原因

多半是因為呼吸道感染所致，症狀有打噴嚏、鼻水附著在鼻子周圍或前腳內側的毛上、鼻淚管阻塞變得淚眼汪汪、眼淚呈白濁色、呼吸有異音。一旦內耳、中耳都遭感染，還可能引發斜頸症（參照 P.148）。

對策治療

要將有症狀的兔子隔離，以免遭到感染。壓力也有可能導致免疫力下降，所以兔子的生活環境要維持適當的溫溼度，並給予寬敞的活動空間，讓兔子能伸直手腳。一旦出現症狀就要及早就醫，掌握感染了哪種細菌，並投用正確的抗生素。

肺炎

症狀、原因

包含了發燒、呼吸異音、呼吸急促、食慾不振、鼻涕黏稠等症狀。可能是感染了金黃葡萄球菌、巴氏桿菌、支氣管敗血菌，或因為其他疾病導致免疫力變差所引起的急性感染症。

對策治療

要將有症狀的兔子隔離。注意室內溫溼度管控及空氣流通。一旦感染肺炎，兔子的X光片會和人類一樣，肺部出現白影，但這時的情況已相當危急。為了避免惡化成肺炎，察覺兔子會咳嗽、呼吸異常時，建議立刻就醫才安心。醫生會依症狀注射抗生素或點滴治療。

6

疾病與受傷的預防對策

MEMO

小心兔子會傳染給人類的疾病！

　　動物與人類會彼此傳染的疾病稱為「人畜共通傳染疾病」（Zoonoses），其中也包含了兔子傳染給人類的疾病，常見的疾病有黴菌性皮膚病、弓形蟲感染症、巴氏桿菌感染症、沙門氏菌感染症、跳蚤、蟎蟲等。其實只要每天打掃飼養環境，做好殺菌消毒工作，摸完兔子後洗手，不要嘴對嘴餵食，掌握好這些基本原則的話就能預防。

　　另外，在接觸兔子時也有可能引起非傳染性的過敏症狀。建議飼養兔子前，要先抽血檢查兔子是否為過敏原。若檢測沒問題，卻在飼養後開始出現過敏的話，也有可能是因為牧草引起。

胸水

[症狀、原因]

胸部積水壓迫到呼吸器官，使得呼吸變急促，出現渾身無力不想活動的情況。拍攝X光片會看到胸部出現白影，這就表示肺部已受壓迫。心臟疾病、胸腔腫瘤都有可能併發胸水。

[對策治療]

平常就要讓兔子生活沒有壓力，常保免疫力。治療時會搭配X光定位，找出穿刺位置，並將胸水抽出。接著給予抗生素治療或化療，並讓兔子住進氧氣室，維持呼吸穩定。一旦發現胸水，代表情況已經相當危急，務必儘速就醫。

好不舒服，
覺得渾身無力
......

外耳炎（耳疥蟲）

[症狀、原因]

外耳介於耳尖到鼓膜，當兔子常用後腳抓耳、甩頭、飄出異味、出現變色分泌物以及黑色髒汙時，就是代表已經罹患了外耳炎。有可能是因為細菌、真菌感染或蟎蟲寄生，也有可能是趾甲太長抓傷外耳導致細菌感染。

[對策治療]

出現上述症狀時，要去清洗掉耳疥蟲，並投予抗生素。治療期間飼主若要進行護理的話，可用棉花棒沾潔耳液，輕輕擦拭可見範圍，勿伸入耳朵深處。

溼性皮膚炎

[症狀、原因]

皮膚一直處於潮溼狀態的話，容易感染細菌。這時會出現皮膚紅腫、掉毛、毛量稀疏、露出皮膚、潰瘍等症狀。有可能是其他疾病導致流口水、流眼淚、腹瀉、肥胖使皮膚皺褶增加、環境不衛生等，罹病原因非常多。

[對策治療]

皮膚或是兔毛沾到口水、眼淚、腹瀉汙垢時，要輕輕擦拭乾淨。另外，兔子不耐潮溼，務必注意環境，讓溼度維持在40～60%。溼性皮膚炎的基本治療是清洗並維持患部乾燥，還須視情況投予抗生素。若是其他疾病引起的溼性皮膚炎，則要先解決根本原因。

蟎蟲感染

症狀、原因

當兔毛蟎、疥蟎寄生時，兔子會開始經常抓耳朵，漸漸出現白色皮屑。一旦愈趨嚴重，兔毛還會變得稀疏，甚至出現結痂。兔子會因為壓力、其他疾病造成免疫力變差，缺乏體力的幼兔及老兔都很容易感染蟎蟲，寄生量甚至會瞬間暴增。

對策治療

這是與宿主接觸造成的感染，所以要將有症狀的兔子隔離。兔毛蟎、疥蟎就算離開宿主也能長時間存活，飼主可要多加打掃才行。一旦感染就必須驅蟲，並視症狀搭配塗抹用藥。

腳瘡

症狀、原因

後腳腳底掉毛，出現結痂或潰瘍。一旦伴隨疼痛，兔子就會腳跟騰空，走路姿勢變得笨拙。主因包含肥胖、地墊骯髒、趾甲過長，使腳跟負擔變大，進而引發腳瘡。

對策治療

為了避免兔子過胖，請提供以牧草為主的均衡飲食。兔子的活動空間選用不會傷害腳底的溫和素材，或是改良設計。此外，發現髒汙時要儘快清除，並且定期為兔寶剪趾甲。當情況惡化，例如傷口遭到細菌感染的話，此時就要塗抹外用藥或接受抗生素治療。

皮膚膿瘡

症狀、原因

皮下腫脹、裡頭積膿，觸感柔軟有彈性。除了會發生在皮膚上，也可見於牙根、眼球、關節等處。牙齒疾病、免疫力變差、傷口細菌入侵都會引發膿瘡。

對策治療

要將有症狀的兔子隔離，並將其活動範圍充分消毒，還需處理掉兔子周遭可能會使其受傷的物品。使用已久、出現破損的地墊也有可能使兔子受傷，必須更新。治療時會先清洗並消毒患部，塗抹並口服抗生素，嚴重時還須穿刺抽取膿液。

肥胖是萬病之源！

很多兔子都是因為運動不足、飼料或點心過量導致肥胖。因此飲食務必以牧草為主，過了成長期後也必須調整牧草與飼料的種類。

一旦兔子出現肥胖情形，不僅免疫力會下降，對於心臟、關節的負擔也會變大，容易引發疾病。肥胖兔罹患糖尿病與腎臟病的風險更會飆升。

若要預防肥胖，除了經常為兔子量體重外，還要增加出籠放風運動的時間，提供均衡的飲食。假若到了非認真減肥不可的階段，務必諮詢獸醫師。

泌尿系統疾病

尿結石

症狀、原因

鈣質攝取過量、水分不足、代謝異常或細菌感染導致尿道產生結石。會出現頻尿、尿量變少、血尿、膀胱脹大，甚至因為疼痛蜷縮成一團等症狀。

對策治療

鈣是兔子健康成長的必須養分，但卻不必刻意地給予營養品。當兔寶長大為成兔，此時要避免鈣含量較多的苜蓿草，改成以提摩西草為主食，並選擇內含大量提摩西草的飼料。當兔子出現尿結石時，若還是輕症，可透過飲食控制與利尿劑雙管齊下讓結石自然排出體外；若情況嚴重，就必須插入導管，或透過外科手術取出。

取出的結石案例。當症狀惡化必須動手術時，甚至能取出直徑數公分大的結石。

尿尿時的模樣也會變得不太一樣喔！

膀胱炎

症狀、原因

有可能是因環境不衛生感染了綠膿桿菌或大腸桿菌，也有可能是因為飲水量不足導致膀胱發炎。會出現頻尿卻尿不乾淨、想尿卻尿不出來、血尿、尿中帶有膿狀物等症狀。

對策治療

要常保兔子行動範圍、籠內，尤其是便盆的整潔。準備容易飲用的飲水器，避免水分攝取不足。鈣容易造成結石，也要避免過量。治療則會依照症狀，投予抗生素、止痛劑、利尿劑等藥物。

腎衰竭

症狀、原因

可分成急性與慢性兩種，急性腎衰竭可能是因為中暑、尿結石等原因導致尿量明顯減少，或出現血尿。慢性腎衰竭的原因除了兔腦炎微孢子原蟲（參照P.140）寄生外，還可能是蛋白質、鈣質、維生素D攝取過剩、老化所引起，兔子會頻繁飲水，並排出大量尿液。

對策治療

腎衰竭初期症狀其實不明顯，只能透過定期健檢來早期發現。飼主也須給予牧草為主的粗食，避免營養過剩。就醫檢查嚴重程度後，醫生會依症狀給予打點滴、去除結石、抗生素治療。

生殖系統疾病

子宮、卵巢疾病

症狀、原因

最常見的子宮疾病為惡性腫瘤，好發於3歲以上的母兔。若未治療很有可能會轉移到其他臟器，甚至死亡。主要症狀有血尿、乳腺脹大、陰道流出血樣分泌物。另外，細菌感染會引發子宮內膜炎、子宮蓄膿，症狀包含了血尿、陰道流膿或流血、腹部脹大。

對策治療

避孕手術能達到預防效果。若能儘早發現腫瘤，摘除子宮或卵巢，痊癒機率就會很高。一旦腫瘤轉移將很難痊癒，母兔未做避孕手術的話，建議3歲起每年定期接受3～4次的健檢，才能及早發現及早治療。

兔梅毒

症狀、原因

與其他兔子交配、接觸或是哺乳時，如果過程中感染了梅毒螺旋體，就會引發兔梅毒。染病後的兔子在食慾、運動量、行為等各方面雖然不會出現變化，但卻可能會有生殖器變紅、長水泡、臉部結痂乾燥、淋巴結腫脹、眼淚增加等症狀。

對策治療

要讓兔子繁殖時，公母兔都必須接受抗體檢查，並與有症狀的兔子隔離。發現兔子感染時，會注射盤尼西林或投用抗生素的氯黴素。醫生多半會以目視確認，或搭配其他檢查。

6 疾病與受傷的預防對策

會吃自己的排便！
兔子為什麼有這樣的習性？

　　兔子的消化器官除了會排出一般糞便外，還會形成一種狀似葡萄串的軟便，名為「盲腸便」。盲腸便富含蛋白質、維生素B群，兔子會吃掉排出的盲腸便，徹底攝取必要養分。兔子會將嘴巴靠在肛門口，直接吃下盲腸便，所以不用擔心盲腸便髒掉。

兔子會排出未吃下肚的盲腸便，形狀就像葡萄連在一起的樣子，與平常的顆粒便完全不同，能輕鬆分辨。

147

神經系統疾病

斜頸症

此症狀會出現脖子歪斜，身體翻滾（翻滾摔倒）的情況，症狀還可能嚴重到無法喝水以及進食。主因包含了巴氏桿菌感染、壓力造成免疫力變差使兔腦炎微孢子原蟲（參照P.140）寄生腦部、內耳炎、中耳炎等。

對策治療

每天記得清掃與消毒，常保整潔，才能預防感染細菌或寄生蟲。此外還要定期帶兔子健檢，早期發現早期治療。檢查時若發現菌類或寄生蟲時，會投予抗生素或除蟲。如果兔子無法自行服藥，主人在家中就必須給予灌食（※）等照顧。同時還須擺放墊子，預防兔子翻滾導致受傷。

MEMO

兔子翻滾時，飼主該如何應對？

　　翻滾是指兔子無法控制自己地翻滾摔倒。這時兔子會失去平衡，無法依照自己的意識活動，甚至失控。一旦發病後，就要在外出包鋪放毛巾，固定兔子並送醫。在家中看護時，則須準備一個兔子能放鬆的環境，並在周圍擺放墊子，以防兔子暴走受傷。

其他疾病

腫瘤

此為細胞異常增生的疾病，可分成良性與惡性。通常長在皮下的粉瘤或生成物可以快速察覺，但若是長在內臟，症狀只會是身體不舒服，不過真正發現時可能已經相當嚴重。形成腫瘤的原因很多，有可能是天生的，也有可能是因為老化、寄生蟲或病毒感染。

對策治療

提供兔子一個沒有壓力的環境，以防免疫力下降。除了要定期前往醫院健檢外，平常在家時也要跟兔子多互動，注意有無變化。發現腫瘤時，一般會切除患部，進行化療或抗生素治療。

當兔子歪著脖子而且頭倒向單側時，就有可能是斜頸症。

※灌食……強制給予流質食物，詳情參照P.151。

中暑

長時間直接照射陽光、空氣不流通、身處高溫潮溼的環境都容易中暑。這時兔子會出現無力橫躺著不動、痙攣、呼吸急促、口水或鼻水沾溼口鼻周圍、耳朵充血變紅等症狀。

對策治療

室溫建議介於20～28度，溼度則為40～60%。同時要將籠子擺放在通風良好、不會直接照射陽光的位置。一旦出現上述症狀，就要沾溼毛巾，為耳朵及下巴降溫。太過冰冷可能會造成休克，所以切勿使用冰水，降溫後仍須儘快送醫。

骨折、脫臼

症狀、原因

兔子的骨頭脆弱，從高處跳下或太用力按壓都有可能骨折。若是四肢骨折，兔子就會出現腳不敢著地或拖行於地的行為。腰椎骨折的話，腰部到後腿會麻痺，甚至出現無法自行排泄的情況。脫臼時患部則會腫脹，並因為碰觸感到疼痛。

對策治療

避免站著抱兔子，也不要在身邊擺放會使兔子趾甲勾住的物品。拍攝X光確認骨折情況，依照嚴重程度，可讓兔子籠內靜養，待在狹窄空間限制行動，也可以打石膏、纏繃帶固定，或是接受外科手術。

6
疾病與受傷的預防對策

一有異狀
就要立刻致電動物醫院！

在大自然裡，兔子是會被獵捕的對象，愈脆弱愈容易被盯上，所以兔子會很努力地隱藏身體不適，如果看起來非常不舒服，那就表示症狀已經相當嚴重。等到兔子無力一動也不動才就醫的話，有時就算想治療也早已回天乏術。

飼主平常就要多加觀察，一旦發現有任何異狀，就要立刻致電懂兔子的動物醫院詢問，並前往就醫，千萬別等到情況危急才行動。家庭醫師平常就已掌握兔寶的情況，應能迅速且正確地下判斷。

緊急處置

送醫治療前的
緊急處置

遇到緊急情況時，切勿自己胡亂判斷延誤送醫。不過在送往醫之前，飼主還是能為兔寶做一些緊急處置。

緊急處置的Point

1. 致電醫院，詢問後再送醫

2. 只為兔子做止血、保溫、降溫的緊急處置

3. 不要為了緊急處置而延誤送醫

必要之際務必先做
最基本的緊急處置再送醫

　　一旦發現兔子受傷或看起來身體不適，必須先冷靜地掌握情況。接著打電話給動物醫院，告知獸醫師詳細的情形，並遵照醫師指示進行必要的緊急處置。若兔子非常抗拒，就不要勉強處置，直接帶兔子儘快就醫。各位必須了解，緊急處置只是暫時性的處理，並不等同於治療。即便兔子症狀改善，之後仍要前往醫院就診。

　　建議飼主可平時先準備好兔子用急救包，以防萬一。內容物包含乾淨的紗布、繃帶、止血粉、檢測尿液pH值的酸鹼試紙、清洗傷口和髒汙的生理食鹽水。另外也可準備暖暖包或是保冷劑，以備兔子體溫失調時可派得上用場。

⚠️**注意**

緊急處置的注意事項

☐ **冷靜應對**
冷靜地掌握情況，才能將資訊正確傳遞給獸醫師。兔子會感受到飼主的不安，甚至因為害怕不肯進外出籠，所以主人一定要冷靜。

☐ **勿觸碰傷口**
不可直接觸摸傷口，以防細菌感染。

☐ **勿隨便用藥**
即使症狀相同，不同的疾病須給予不同用藥。外行人擅自給藥可能會使情況惡化，是非常危險的行為。

☐ **勿餵水或食物**
若是消化道阻塞（毛球症），餵水或食物可能會使病況惡化，所以在釐清原因前，應避免給予食物或水。

出血

→ 纏繞繃帶加壓止血

覆蓋乾淨的繃帶或紗布，從上施力加壓片刻止血。就算順利止血，傷口仍有可能細菌感染化膿，保險起見還是要去趟醫院。

中暑、燙傷

→ 降溫

全身急速降溫可能會造成休克，所以切勿使用冰水。兔子中暑時，可將沾溼的毛巾敷在耳朵及下巴，並全身吹電扇降溫。燙傷時則要在患部敷保冷劑降溫。

身體冰冷

→ 保溫

兔子平均體溫為38～40度，當人觸摸都覺得冰冷時，狀況就已經非常危急。這時要用寵物加熱墊或熱水枕為兔子保溫，並立刻就醫。

兔兔專欄

如何正確餵食
醫師開立的藥物？

獸醫師開立的藥物可能會是藥丸、藥錠或藥水。如果兔子不會吃藥丸或藥錠，主人可以詢問醫師是否能磨粉後混著糖漿餵食。餵藥水時必須使用針筒。一口氣全部灌入的話可能會從嘴巴溢出，所以要分批餵食。當兔子無法自行進食時，也會用同樣方法給予流質食物。

要讓兔子習慣針筒喔！

關於灌食

當兔子生病須給予流質食物或沒有食慾時，就要用針筒灌食。建議可從小用針筒餵時兔子喜歡的果汁當作練習。灌食要像照片一樣，固定住兔子後，將針筒插入嘴邊。

6
疾病與受傷的預防對策

預防疾病

結紮與去勢手術的術前評估

如果沒打算繁殖，可以考慮為兔子結紮。結紮不僅能預防許多疾病，
還能減少擾人行為。

評估手術的Point

1. 了解到結紮不僅能預防疾病，還能讓兔子長壽

2. 與獸醫師詳談，完全沒有疑慮後再決定

3. 對於全身麻醉的風險，需要先有心理準備

了解手術的優缺點
再決定自家兔子是否需要

　為兔子施行結紮的優點，主要在於能夠減少罹患疾病的機率。未做避孕手術的母兔有八成會罹患子宮疾病，就算罹癌摘除子宮，日後還是很有可能復發，甚至轉移至其他臟器。特別是3歲以上的母兔，發病的機率會更高。

　公兔的發病率雖然沒有母兔高，不過邁入高齡期後，還是有可能罹患陰囊赫尼亞（即膀胱、內臟或脂肪掉入陰囊內的疾病），進而引起排尿障礙。

　等到發現罹患疾病後再考慮動手術的話，兔子的體力可能已經變差，也有可能年事已高，加深手術麻醉的風險。建議主人趁兔子還年輕有體力的時候安排結紮手術，只要等兔子出生滿7個月時便能施行，一般認為7個月～1歲左右是手術的最佳時機。當然，

假若兔寶是在1歲過後才接受手術，還是能預防疾病。

　結紮的缺點是賀爾蒙的分泌會失調，導致兔子肥胖的占比變得較高，不過只要平時做好飲食管控，基本上還是能夠解決。飼主請好好思考想要如何與兔子相處生活後，再決定是否要結紮。

能健康長壽
真好呢！

結紮與去勢手術的優缺點

♀ 避孕手術

手術內容

全身麻醉後，開腹摘除卵巢與子宮。癒後良好的話1天就能出院，有時可能要戴頭套，避免兔子舔傷口。10天後就能拆線。建議等兔子性發育成熟，也就是出生7個月～1歲期間再進行手術。

優點

● 預防子宮、卵巢疾病

● 不會出現假懷孕（沒有懷孕，卻開始拔毛築巢）的情況

● 避免非預期的懷孕

● 個性變穩重

♂ 去勢手術

手術內容

全身麻醉後，切開陰囊取出睪丸。癒後良好的話半天就能出院，附屬性腺在手術後還會殘留些許精子，須繼續與母兔隔離至少1個月。建議等兔子性發育成熟，也就是出生5至6個月～1歲期間再進行手術。

優點

● 及早去勢能減少噴尿行為

● 預防陰囊赫尼亞、睪丸炎等的生殖器官疾病

● 飼養多隻兔子時能減少打架情況

● 個性變穩重

手術的共同缺點

● 即便是健康的兔子，全身麻醉還是有風險

● 無法繁殖

● 容易肥胖

繁殖

仔細評估兔子的
懷孕與生產

兔子是多胎生動物，所以主人必須謹慎評估當兔子生下許多寶寶後，
自己是否能負起照顧責任，還是能找到送養對象？

繁殖的 Point

1. 多胎生的兔子，一次最多能產下超過10隻兔寶寶

2. 在兔寶寶出生前先找好送養對象

3. 有些兔子因為疾病或年齡的緣故，不適合繁殖

飼主務必具備的知識
兔子懷孕生產的風險

繁衍大量後代是兔子的天性，一次能產下4～10隻幼兔。若是決定要讓兔子繁殖，飼主就必須對所有的生命負起責任，謹慎評估是否能給予兔子充分照顧？或是能找到送養對象？

若決定自己接手，兔子斷奶後就必須分籠飼養。考量打造飼育環境的費用、空間、照料時間、避免近親交配的結紮手術等，其實負擔變得沉重。尋找送養對象也沒有那麼容易，尋找期間幼兔會不斷長大。建議在母兔懷孕後就要開始找送養人家。

兔子何時性發育成熟？
何時會發情？

每隻兔子情況不同，一般而言出生3～5個月後就會性發育成熟，懷孕適齡期則要等到身體發育完成，大約會是出生6個月～3歲。母兔能豎直尾巴，翹起屁股的話，就表示已經準備好交配。接下來就會開始進入4～17天發情期與1～2天休息期的循環。公兔會配合母兔發情，所以並沒有固定的時間，發情時會翹起尾巴，浮躁地走來走去。

❶ 相見歡

氣溫平穩的春秋季節最適合兔子生產。兔子的孕期大約是1個月，建議安排生產最佳期間的1個月前讓兔子配對。兔子個性不合的話，會為了保護自己的勢力範圍而打架，所以要先讓公母兔隔籠見面。等到彼此放下戒心，表現出興趣時，就能試著讓牠們出籠玩耍。

❷ 交配

交配時間大約為20～30秒，結束時有些公兔會發出「嘰──」的聲音並倒下。重複幾次交配動作的懷孕機率較高。完成後讓兔子分別回籠。

❸ 懷孕

母兔確定懷孕後，2週後乳頭會開始腫脹，3週後體重會增加。這時為了養寶寶食慾也會變好，所以要無限量供應牧草及飼料。生產前4～5天會開始拔胸部和脖子的毛，蒐集兔毛及牧草築巢。這段期間母兔會變得神經質，所以盡量別摸牠。

❹ 生產

除了換水與食物，其餘時間都別打擾母兔。也千萬不可摸幼兔，以免母兔放棄育兒。

6

疾病與受傷的預防對策

⚠ 注意

這些條件的兔子，不適合配對繁殖！

- ☐ 距上次生產未滿2個月
- ☐ 患有先天性疾病
- ☐ 肥胖
- ☐ 超過2歲尚無生產經驗
- ☐ 第一次發情

- ☐ 與配對對象為近親
- ☐ 健康狀態不佳
- ☐ 超過5歲高齡
- ☐ 曾生下患有先天疾病的幼兔

高齡兔照顧

兔子的老年照護

兔子從5歲起便會進入高齡期，除了動作變遲緩，也較容易生病。飼主必須重新思考飲食及飼育環境，讓兔子常保健康。

▶ 與老兔生活的 Point

1. 換成高齡兔專用的低卡飲食

2. 注意溫度溼度變化

3. 每天檢查身體情況，定期前往醫院健檢

愛兔年滿5歲後
便要開始構思老年生活

兔子從5歲開始會變得動作遲緩，新陳代謝也會隨之變差，飼主必須重新規劃飲食內容。高齡兔對於冷暖溫差與環境變化會變得更加敏感，每逢季節交替時便很容易生病，須多加留意。此外，儘管只是稍微改變籠內擺設，都很有可能對兔子造成壓力。老化同時還會伴隨腫瘤、生殖器疾病、尿結石等問題產生，再加上下半身無力，平時大小便與籠內移動也會變得很吃力。

兔子年老的徵兆會在這個階段一一浮現，主人要及早察覺兔寶的不適，為牠打造一個沒有壓力的生活環境。因此平常就要多加觀察，才能盡可能地拉長與兔寶共同度過的幸福時光喔。

 多注意老化徵兆

● 動作變遲緩

老化會使兔子肌力變差，行走速度變慢，睡眠時間變長。當睡眠時間拉長，活動量也會隨之下降，因此多半會出現肥胖情況。

● 毛變得無光澤

一旦新陳代謝變差，兔毛也會變得沒有光澤，觸感粗糙。只要兔寶不排斥，建議可為牠按摩（參照P.130），促進血液循環。

● 理毛次數減少

當兔子老化，身體變得不聽使喚，理毛的次數也會隨之減少，所以主人要經常為牠理毛。

飲食 🍴

高齡兔的運動量減少，容易肥胖，同時也很容易罹患尿結石，所以要盡量換成低卡低鈣的飼料，並全部換成禾本科牧草，可無限量供應。由於牙根變得脆弱，推薦讓兔子食用較軟的二番割提摩西草。市面上有不少專為高齡兔開發的飼料，各位可比較各產品的營養成分後選購。另外，兔子的腸胃蠕動也會變差，因此可視情況補充乳酸菌等營養品。

P⚬int

推薦二番割提摩西草

一番割的草梗較粗硬。高齡兔的牙根變差，建議挑選整體柔軟、適口性佳的二番割提摩西草。

環境 🏠

高齡兔對於環境變化也相當敏感，主人盡量不要變動籠內配置。冷暖溫差及潮溼同樣會對身體帶來極大負擔。建議夏天室溫維持在20～28℃，溼度則為40～60%。冬天則要將籠子蓋布阻擋冷風，能放置寵物加熱墊會更安心。

我對溫度變化很敏感呢～

P⚬int

良好的溫溼度管控

冬天可在籠內擺放加熱墊，夏天則可準備有助降低體溫的散熱墊。

健康管理 💉

高齡兔的各種機能會逐漸退化，抵抗力也會隨之變差，變得容易生病，所以要更注重溫溼度及飲食唷。主人還要每天檢查兔寶的身體，才能發現各種微小變化。一旦兔子抵抗力變差，就很容易寄生蟎蟲，所以理毛時要檢查被毛，發現皮屑就必須就醫，確認是老化引起或蟎蟲寄生。

⚠注意

高齡兔常見的疾病

惡性淋巴癌、腺纖維瘤，以及容易出現在未結紮母兔身上的子宮腺癌與乳癌。飼主平常務必多關心兔子的身體健康，才能及早發現。高齡兔因為關節的活動度變差，稍微有點高低差也會爬得很吃力，也可能造成骨折，須多加留意。另外，高齡兔會也常出現腸胃蠕動變差所引起的食慾不振。

6

疾病與受傷的預防對策

157

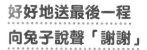
送行

如何與愛兔道別

兔子的壽命畢竟比人類短得多，一定會面臨必須說再見的時候。主人要給予兔子滿滿的關愛直到最後一刻，別讓自己留下遺憾。

▶ 離別時刻的 Point

1. 投注心力照顧兔寶到最後一刻

2. 在離別時整理自己的情緒，接受兔寶的離開

3. 不要強忍悲傷，想哭時就放聲哭泣

好好地送最後一程
向兔子說聲「謝謝」

每隻兔子或許多少有個體差異，總地來說兔子的平均壽命大約是 7 歲。兔子的壽命遠比人類短的許多，所以最終必然不得不面臨說再見的時候。主人要記得給予兔子滿滿的關愛，直到最後一刻，千萬別讓自己留下任何的遺憾。

當離別的時刻來臨時，最後也要盡到飼主的責任，好好地送兔寶一程。送別會更加體認到兔子離開的事實，主人也能在這個過程整理心緒。送別的方法有很多種，可以葬在自家庭院裡，或是寵物墓園、地方政府提供的場地，請飼主選擇自己最能接受的方式，並且在送別時，表達心中的感謝之情。即便做了這麼多，回到沒有兔寶的屋內可能還是會突然湧現一股失落感。這時就不要強忍悲傷，讓自己好好大哭一場吧。

🐰 珍惜相伴的每一天
別輕易留下遺憾

好好送兔寶一程，讓自己未來能夠回想起與牠共度的快樂時光，不留任何遺憾。

每天都要好好照顧兔子
直到最後一刻
平常就要盡所能地好好照顧兔寶，別讓自己「悔不當初」。

在兔子尚未離開之前
就要先做好心理準備
意識到與兔寶剩餘的相處時間，做好心理準備，在最後這段期間毫給予兔寶滿滿的關愛。

在兔子尚未離開之前
就要想想該怎麼為牠送別
送別兔寶的方式很多，費用也不一，當下可能會很難做決定，建議可事先了解與評估。

● 選擇寵物墓園的塔位安置

飼主可以選擇在寵物墓園或葬儀社舉辦告別式。業者會提供一些方案，包含了火葬後安置於塔位，或為寵物打造自己的墓碑。負責辦理寵物後事的業者愈來愈多，甚至有業者提供守靈到葬於自家的完整服務。等到寵物過世才開始安排的話可能會花費很多時間，建議飼主可先了解方案內容、所需費用以及業者風評，找到能夠信賴的葬儀社業者。

有些飼主會將寵物的骨灰帶回，連同回憶照片擺放於家中，每天和寶貝說說話。

● 埋在自家庭院

飼主也可以選擇將寵物土葬於自家庭院，讓家人們日後也能繼續守護牠。但是建議埋葬的深度至少要有1公尺，以免貓咪等其他動物挖掘。考量到塑膠袋等材質無法分解，不妨改用布包住寵物的大體，或是放入紙箱後再埋葬。請各位事先查詢居住國內或地區的相關法規，是否禁止在公園、道路等公共場所埋葬寵物遺體。

● 委由地方單位處理

動物保護處、清潔大隊、衛生局等地方單位有時也能協助處理寵物的大體。不少地方單位都設有自己的火化爐，基本上會與其他寵物一起火葬；某些地方單位則會委託寵物葬儀社處理，將寵物個別火葬後，再把骨灰歸還飼主。收費標準不盡然相同，建議可先與居住地的相關單位確認。

什麼是喪失寵物症候群

「喪失寵物症候群」是指飼主自從寵物過世後就無法振作，一直沉浸在悲傷與失落感，出現與憂鬱症相似的症狀。嚴重時甚至會食慾不振、倦怠、失眠，對日常生活帶來極大影響。

罹患了喪失寵物症候群，就要懂得釋放悲傷，才能讓自己重新振作。感到難過時不妨放聲大哭。也可以找家人或朋友傾訴悲傷，慢慢接受兔子的離開，重新整理好自己的情緒。相信接下來就會回想起兔子的調皮搗蛋，開心回首寶貝帶來的愉快時光。如果還是無法走出悲傷，則須尋求心理諮商師的專業協助。

不要強忍悲傷！
關上心房反而會無法整理情緒，失去摯愛的家人當然會悲傷，讓自己大哭一場吧。

6

疾病與受傷的預防對策

監修

LUNA 寵物醫院潮見院長
岡野祐士

非犬貓寵物研究會會員。2002年
於東京江東區的潮見開設 LUNA
寵物醫院。除了提供犬貓診療外，
更與其他獸醫師和護理師同心協
力，提供兔子、倉鼠等非犬貓寵
物的看診與飼育指導服務，積極
為院內打造溫馨的氛圍。

攝影協助

うさぎのしっぽ（橫濱店）
http://www.rabbittail.com/
HOUSE OF RABBIT -online shop-
http://www.houseofrabbit.com/
FIELD GARDEN
http://www.fieldgarden.jp/
うさぎカフェ おひさま
http://www.rabicafe.com/
（2021年7月已停業）
Ra.a.g.f Rabbit Café
http://raagf.com/
（2021年7月已停業）

編集・製作 スリーシーズン
攝影　　布川航太／田辺エリ／髙田泰運／清水紘子
影像協助　岡野祐士（Part 6 症例照片）
插畫　　碇 優子／堀川直子／花島ゆき
執筆　　高島直子／寺田明子／宮村美帆
本文排版　株式会社ノーバディー・ノーズ
採訪協助　町田 修（うさぎのしっぽ代表）
Special Thanks
　　　　大津友稀&小海
　　　　小林京子&ビッグ
　　　　中村愛&ゼノン

第一次養兔兔就上手！

出　　　版／楓葉社文化事業有限公司
地　　　址／新北市板橋區信義路163巷3號10樓
郵 政 劃 撥／19907596 楓書坊文化出版社
網　　　址／www.maplebook.com.tw
電　　　話／02-2957-6096
傳　　　真／02-2957-6435
監　　　修／岡野祐士
翻　　　譯／蔡婷朱
責 任 編 輯／江婉瑄
內 文 排 版／謝政龍
校　　　對／邱鈺萱
港 澳 經 銷／泛華發行代理有限公司
定　　　價／350元
初 版 日 期／2021年10月

國家圖書館出版品預行編目資料

第一次養兔兔就上手！/ 岡野祐士監修；
蔡婷朱翻譯. -- 初版. -- 新北市：楓葉社文
化事業有限公司, 2021.10　面；　公分

ISBN 978-986-370-321-1（平裝）

1. 兔　2. 寵物飼養

437.374　　　　　　　110012975